C语言程序设计实践

朱节中　余晓栋　主编

内 容 简 介

本书是基于《C 语言程序设计》的教学内容而编写的配套参考书，在内容上结合了计算机等级考试大纲基本要求和编写团队长期的教学经验及丰富的资料。全书内容包括：C 语言上机实验准备和上机实验；《C 语言程序设计》教材的书后习题解答；计算机二级考试（C 语言）考试大纲解析-理论部分、计算机二级考试（C 语言）考试大纲解析-上机部分、考试模拟同步练习题、考试模拟同步练习题参考答案、历年等级考试真题及解析。全书题型多样、题量丰富，课程由浅入深，既注重了理论知识的强化，又强调了实践技能的培养。注重对初学者编程思想培养和对编程实践能力的锻炼，列举了初学者在编程过程中常见的错误，以帮助读者更好地掌握 C 语言的语法特点。注重对读者编程能力的提高，加强锻炼运用 C 语言解决实际问题的能力。

本书既可以作为高校学生和专业人员 C 语言程序设计的参考练习题，还可以作为计算机等级考试、自学考试复习的指导用书。

图书在版编目（ＣＩＰ）数据

C语言程序设计实践 / 朱节中，余晓栋主编. -- 北京 ：气象出版社，2021.8
ISBN 978-7-5029-7505-0

Ⅰ. ①C… Ⅱ. ①朱… ②余… Ⅲ. ①C语言－程序设计－高等学校－教材 Ⅳ. ①TP312.8

中国版本图书馆CIP数据核字(2021)第146483号

C 语言程序设计实践
C YUYAN CHENGXU SHEJI SHIJIAN

出版发行：气象出版社
地　　址：北京市海淀区中关村南大街 46 号　　邮政编码：100081
电　　话：010-68407112（总编室）　010-68408042（发行部）
网　　址：http://www.qxcbs.com　　E-mail：qxcbs@cma.gov.cn
责任编辑：冷家昭　　终　　审：吴晓鹏
责任校对：张硕杰　　责任技编：赵相宁
封面设计：艺点设计
印　　刷：三河市百盛印装有限公司
开　　本：787 mm×1092 mm　1/16　　印　　张：14.25
字　　数：356 千字
版　　次：2021 年 8 月第 1 版　　印　　次：2021 年 8 月第 1 次印刷
定　　价：48.00 元

前　　言

C 语言是程序设计的高级语言之一，作为国内各高等院校普遍开设的计算机程序设计语言类基础语言课程，一直深受专业人士的认可，并已成为全国各类计算机考试中的必考内容。为了帮助广大学生更好地理解、掌握 C 语言，并顺利通过各级各类相关等级考试，编写了本书。

本书以 ISO C89 语言规范为蓝本，循序渐进、系统全面地讲解了从语法到问题编程求解的各个实践环节。根据 C 语言课程设计，给出了针对性的上机实验内容，并对实验中容易出现的问题以及结题思路给出了详细的分析过程。同时，本书围绕计算机等级考试中 C 语言的知识点、应试准备、应试技巧等进行了深入浅出的介绍，使学生能够更好地理解 C 语言编程要点，从容地应对各类题型。

本书的主要创新之处有：

(1)注重编程思想的培养，在实践中不断巩固学生程序设计方法的基础知识。

(2)遵循学生的认知规律，根据先易后难、先具体后抽象、先轮廓后细节化的原则，精心组织 C 语言程序设计课程实践和习题内容。

(3)围绕计算机等级考试(C 语言)考试大纲，从应试技巧、模拟练习、错题分析等多个方面，为学生备考提供支撑。

本书不仅可作为理工类学生学习 C 语言的上机实验用书，也可作为喜爱 C 语言编程人员的自学教材和计算机等级考试(C 语言)的参考书。

本书由朱节中，余晓栋编写，教材配套的习题解答章节由《C 语言程序设计》编写组提供。

限于编者水平有限，书中难免有错误和不足之处，恳请专家和广大读者批评指正，以便在适当时间进行修订。

另附中国大学 MOOC《C 语言程序设计》在线课程视频，帮助学生更好地理解 C 语言，真正地学懂会用。扫描二维码在线观看。

目　录

第 1 章　C 语言上机实验准备

编程工具有多种,教学中使用比较多的下面几种,从很早风靡全球的 Turbo C 2.0 版和 3.0 版到微软公司推出的经典的 VC++ 6.0,到后来的 Microsoft Visual Studio(简称 VS)的各个版本,以及 Dev C++和 Code::Blocks。大家可以选择使用,建议大家使用 VS 的版本,可以得到很多的编程帮助文档。实际项目编程中,使用微软操作系统,接口函数使用也方便。下面分别介绍几种编程工具的使用。

1.1　VS2010 编程环境

首先我们给出一段完整的 C 语言代码,就是在显示器上输出"C 语言中文网",如下所示:

```
#include <stdio.h>
int main()
{
    puts("C语言中文网");
    return 0;
}
```

本节我们就来看看如何通过 VS2010 来运行这段代码。

(1)创建项目(Project)

在 VS2010 下开发程序首先要创建项目,不同类型的程序对应不同类型的项目,初学者应该从控制台程序学起。

打开 VS2010,在上方菜单栏中选择"文件→新建→项目",如图 1.1 所示。

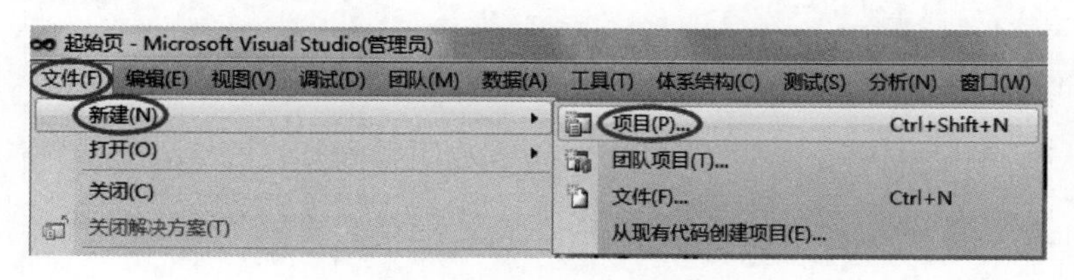

图 1.1　VS2010 新建项目菜单

或者按下 Ctrl+Shift+N 组合键,都会弹出新建项目对话框如图 1.2 所示。

选择"Win32 控制台应用程序",填写好项目名称,选择好存储路径,点击"确定"按钮即可。

如果你安装的是英文版的 VS2010,那么对应的项目类型是"Win32 Console Application"。另外还要注意,项目名称和存储路径最好不要包含中文。

点击"确定"按钮后会弹出向导对话框,如图 1.3 所示。

点击"下一步"按钮,弹出新的对话框,如图 1.4 所示。先取消"预编译头",再勾选"空项目",然后点击"完成"按钮就创建了一个新的项目。感兴趣的读者可以打开 E 盘,会发现多了一个 cDemo 文件夹,这就是整个项目所在的文件夹。

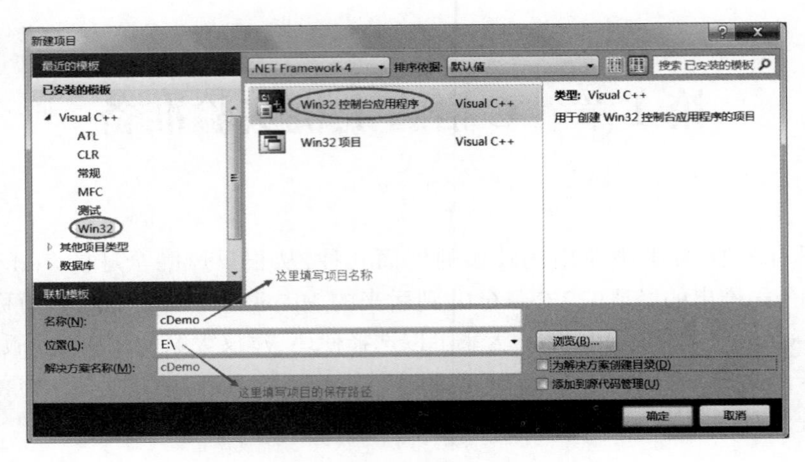

图 1.2　VS2010 新建项目快捷键

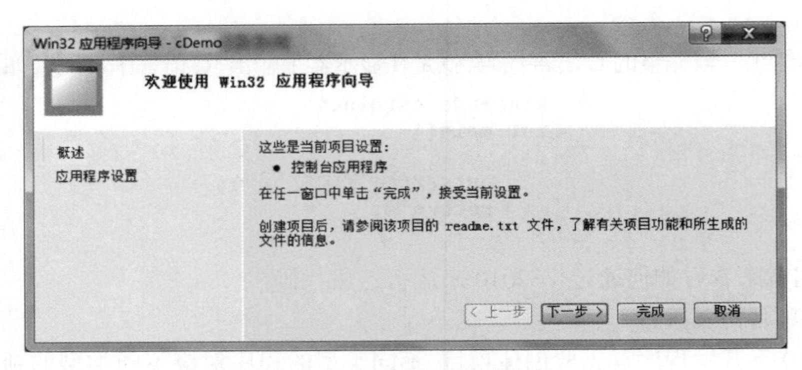

图 1.3　Win32 应用程序向导

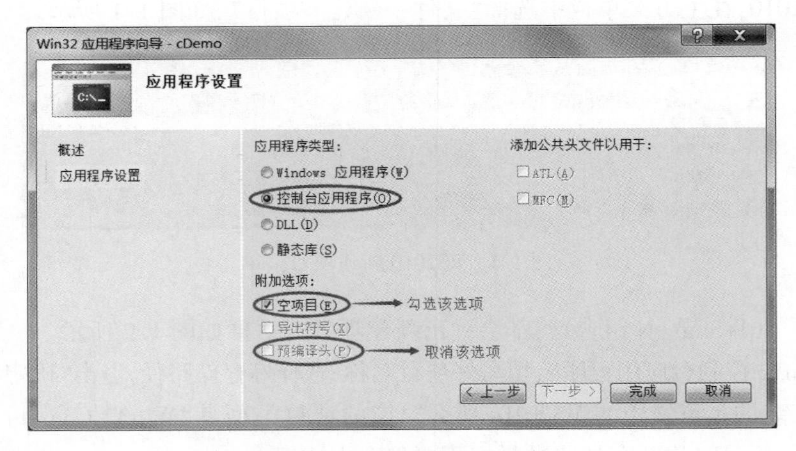

图 1.4　Win32 应用程序设置

(2)添加源文件

在“源文件”处右击鼠标,在弹出菜单中选择“添加→新建项”,如图 1.5 所示。或者按下 Ctrl+Shift+A 组合键,都会弹出添加源文件的对话框。如图 1.6 所示

图 1.5　添加源文件菜单

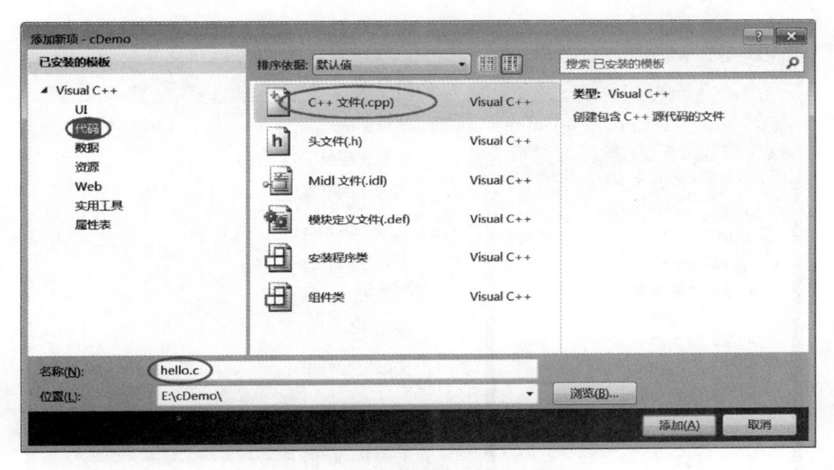

图 1.6　添加源文件快捷键

在"代码"分类中选择"C++文件(.cpp)",填写文件名,点击"添加"按钮就添加了一个新的源文件,如图 1.7 所示。

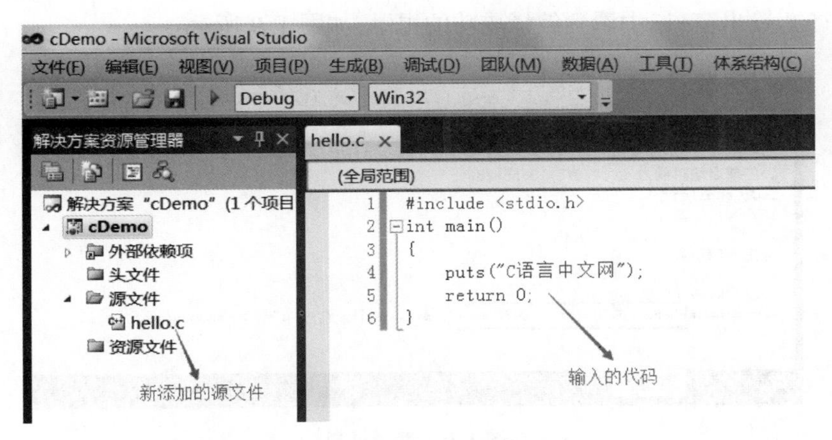

图 1.7　添加源文件代码

提示:C++是在 C 语言的基础上进行的扩展,C++已经包含了 C 语言的所有内容,所以大部分的 IDE 只有创建 C++文件的选项,没有创建 C 语言文件的选项。但是这并不影响使用,我们在填写源文件名称时把后缀改为“. c”即可,编译器会根据源文件的后缀来判断代码的种类。上图中,我们将源文件命名为“hello. c”。

(3)编写代码并生成程序

打开“hello. c”,将本节开头的代码输入到“hello. c”中。

注意:虽然可以将整段代码复制到编辑器,但是还是强烈建议你手动输入,第一次输入代码可能会有各种各样的错误,只有把这些错误都纠正了,你才会进步。本教程后续章节还会给出很多示例代码,这些代码一定要手动输入,不要复制后运行成功了就万事大吉。

编译(Compile)

在上方菜单栏中点击“生成”按钮,会弹出一个子菜单,再点击“编译”按钮,就完成了“hello. c”源文件的编译工作,如图 1.8 所示。

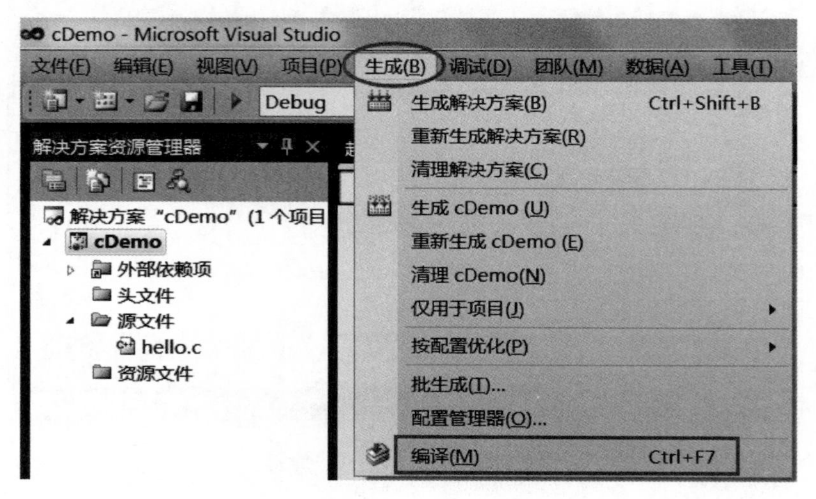

图 1.8　编译

或者直接按下 Ctrl+F7 组合键,也能够完成编译工作,这样更加便捷。如果代码没有错误,会在下方的“输出窗口”中看到编译成功的提示,如图 1.9 所示。

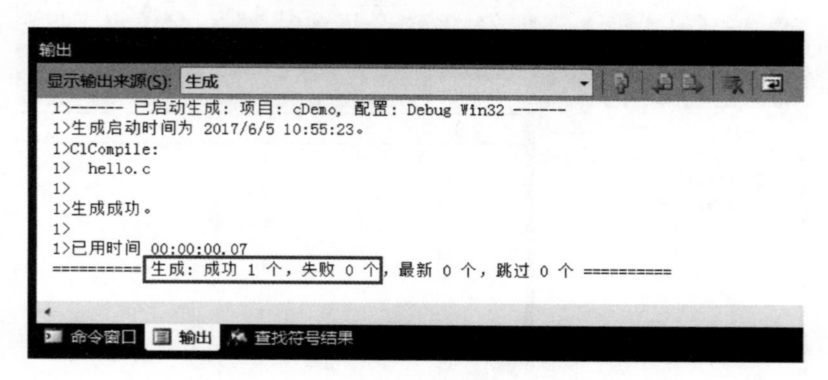

图 1.9　编译结果

编译完成后,打开项目目录(本教程中是 E:\cDemo\)下的 Debug 文件夹,会看到一个名为“hello. obj”的文件,这就是经过编译产生的中间文件,这种中间文件的专业称呼是目标文件

(Object File)。在 VS 和 VC 下,目标文件的后缀都是[.obj]。

链接(Link)

在菜单栏中选择“生成→仅用于项目→仅链接 cDemo”,就完成了“hello.obj”的链接工作,如图 1.10 所示:

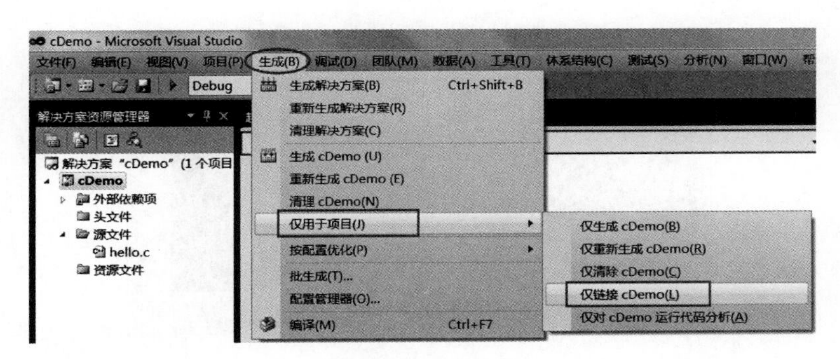

图 1.10　链接

如果代码没有错误,会在下方的“输出窗口”中看到链接成功的提示,如图 1.11 所示。

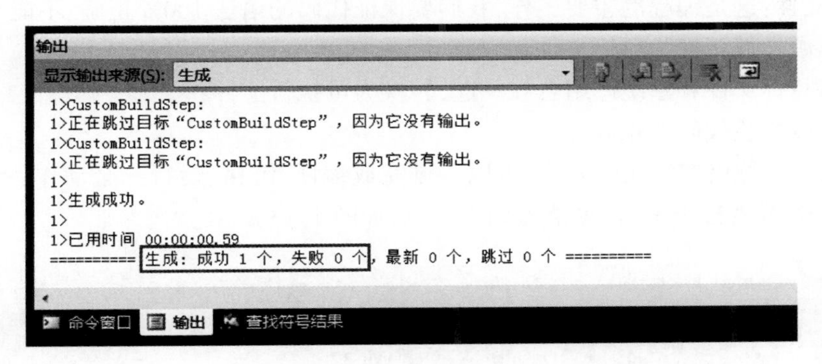

图 1.11　链接结果

本项目中只有一个目标文件,链接的作用是将“hello.obj”和系统组件(静态链接库)结合起来,形成可执行文件。如果有多个目标文件,这些目标文件之间还要相互结合。再次打开项目目录(本教程中是 E:\cDemo\)下的 Debug 文件夹,会看到一个名为“cDemo.exe”的文件,这就是最终生成的可执行文件,就是我们想要的结果。

双击“cDemo.exe”运行,并没有输出“C 语言中文网”几个字,而是会看到一个黑色窗口一闪而过。这是因为,程序输出“C 语言中文网”后就运行结束了,窗口会自动关闭,时间非常短暂,所以看不到输出结果,只能看到一个“黑影”。

对上面的代码稍作修改,让程序输出“C 语言中文网”后暂停下来:

```
#include <stdio.h>
#include <stdlib.h>
int main()
{
    puts("C语言中文网");
    system("pause");
    return 0;
}
```

system("pause");语句的作用就是让程序暂停一下。注意代码开头部分还添加了#include <stdlib. h>语句,否则 system("pause");无效。

再次编译并链接,运行生成的"cDemo. exe",终于如愿以偿,看到输出结果了,如图 1. 12 所示。按下键盘上的任意一个键,程序就会关闭。

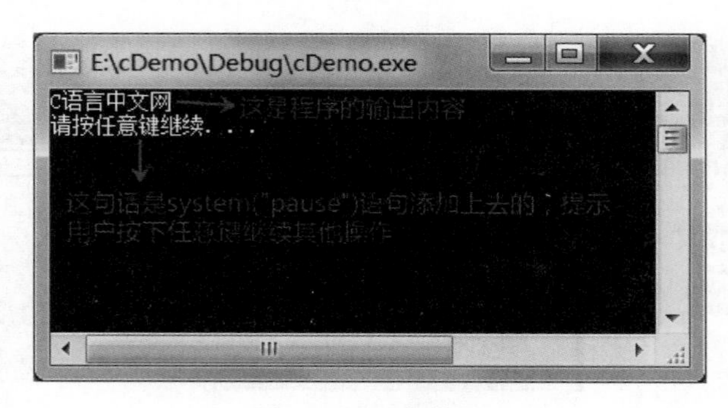

图 1. 12　运行结果

我们把上面的步骤总结一下,可以发现一个完整的编程过程是:

编写源文件:这是编程的主要工作,我们要保证代码的语法 100% 正确,不能有任何差错;

编译:将源文件转换为目标文件;

链接:将目标文件和系统库组合在一起,转换为可执行文件;

运行:可以检验代码的正确性。

VS 提供了一种更加快捷的方式,可以一键完成编译、链接、运行三个动作,点击菜单栏中的"运行"按钮,或者按下 F5 键就能做到这一点,如图 1. 13 所示。

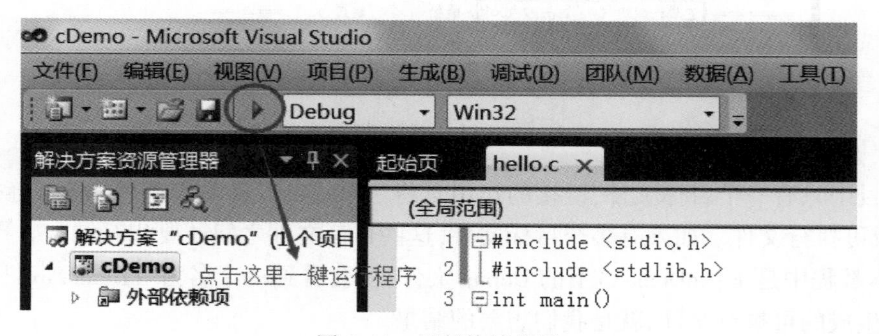

图 1. 13　运行快捷按钮

设置断点:在图 1. 14 中的圆点处设置断点,圆点表示已经在这行设置断点。快捷键 F9。

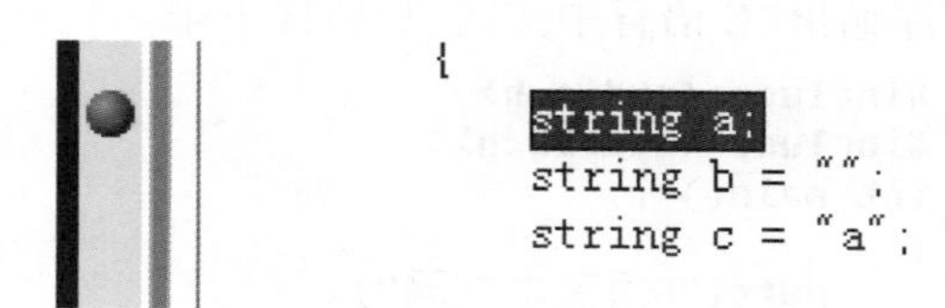

图 1. 14　设置断点

启动调试:按 F5 或者点击图 1.15 中左边框中的按钮,右边框是开始执行(不调试)Ctrl+F5。

图 1.15　执行快捷按钮

调试工具栏:图 1.16 是工具栏中对应的名称和快捷键。

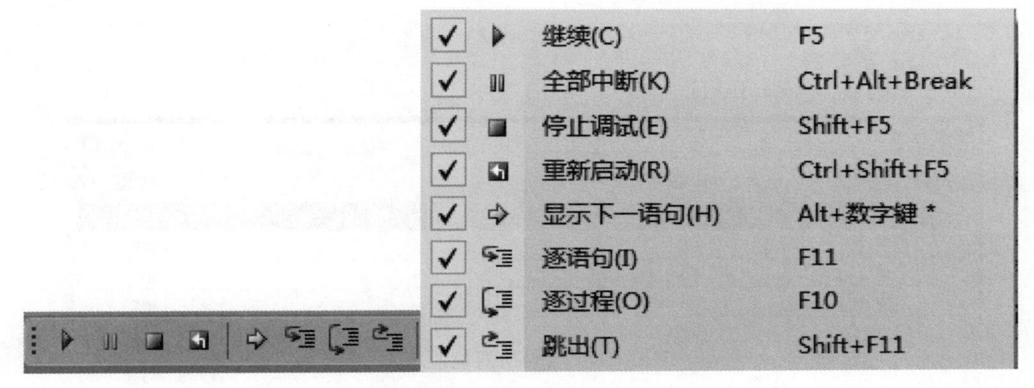

图 1.16　调试工具栏、快捷键与菜单

在调试过程中 F5 是执行到下一个断点,F11 是逐语句执行。在执行到图 1.17 中的断点时,按 F11 会执行到 Fibonacci 方法里面逐步记录执行过程。F10 是逐过程,与逐语句不同的是,在执行到断点时,再执行会执行断点下面的语句,而不是去执行语句中的方法。

```
        int y = Fibonacci(10);
        Console.WriteLine("Fibonacci no. = {0}", y);
        Console.ReadKey();
    }

    static int Fibonacci(int x)
    {
        if (x <= 1)
        {
            return 1;
        }
        return Fibonacci(x - 1) + Fibonacci(x - 2);
    }
```

图 1.17　断点代码

局部变量:在调试过程中可以查看局部变量窗口,如图 1.18 里面会有变量的当前状态。

还有更实用的技巧

如果我们的代码中没有添加 system("pause");暂停语句,点击“运行”按钮,或者按下 F5 键

局部变量

名称	值	类型
args	{string[0]}	string[]
a	null	string
b	null	string
c	null	string
d	0	int
e	0	int
f	null	int[]

局部变量　监视 1　输出

```
int d;
int e = 2;
int[] f = new int[] { 2, 3, 4 };
```

局部变量

名称	值	类型
f	{int[3]}	int[]
[0]	2	int
[1]	3	int
[2]	4	int

图 1.18　代码与变量监视器

后程序会一闪而过，只能看到一个“黑影”。如果想让程序自动暂停，可以按下 Ctrl+F5 组合键，这样程序就不会一闪而过了；换句话说，按下 Ctrl+F5 键，VS 会自动在程序的最后添加暂停语句。

现在我们已经了解了从编写代码到生成程序的整个过程，在以后的学习中，可以直接使用 Ctrl+F5 组合键，不用再分步骤完成了，这样会更加方便和实用。

(4) 总结

现在，你就可以将 cDemo. exe 分享给你的朋友了，告诉他们这是你编写的第一个 C 语言程序。虽然这个程序非常简单，但是你已经越过了第一道障碍，学会了如何编写代码，如何将代码生成可执行程序，这是一个完整的体验。

在本教程的基础部分，教大家编写的程序都是这样的“黑窗口”，与我们平时使用的软件不同，它们没有漂亮的界面，没有复杂的功能，只能看到一些文字，这就是控制台程序（Console Application），它与 DOS 非常相似，早期的计算机程序都是这样的。

控制台程序虽然看起来枯燥无趣，但是它非常简单，适合入门，能够让大家学会编程的基本知识；只有夯实基本功，才能开发出“健壮”的 GUI（Graphical User Interface，图形用户界面）程序，也就是带界面的程序。

1.2　Dev C++编程环境

仍以 1.1 节中给出的 C 语言代码为例，本节我们就来看看如何通过 Dev C++来运行这段代码。

Dev C++支持单个源文件的编译，如果你的程序只有一个源文件（初学者基本都是在单个源文件下编写代码），那么不用创建项目，直接运行就可以；如果有多个源文件，才需要创建项目。

（1）新建源文件

打开 Dev C++，在上方菜单栏中选择“文件→新建→源代码”，如图 1.19 所示。

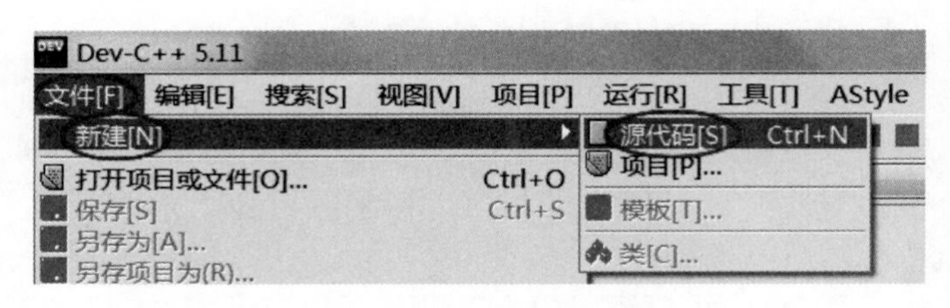

图 1.19　新建源文件

或者按下 Ctrl+N 组合键，都会新建一个空白的源文件，如图 1.20 所示：

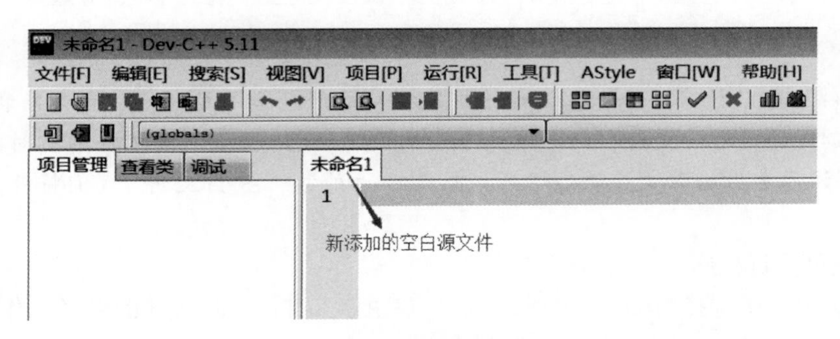

图 1.20　空白的源文件

在空白文件中输入本书开头的代码，如图 1.21 所示。

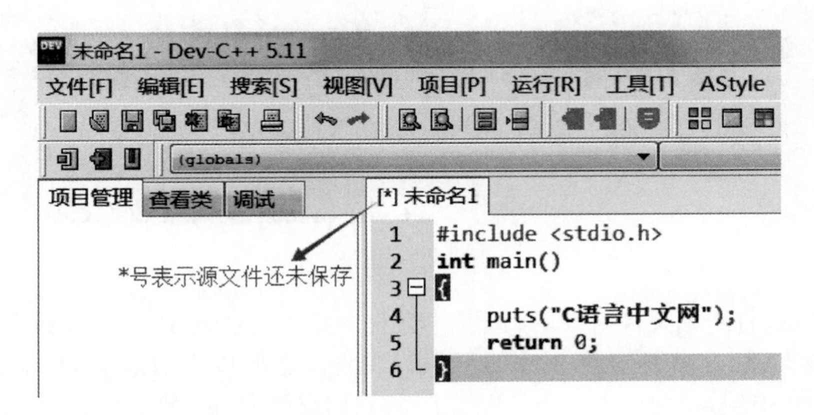

图 1.21　源代码

在上方菜单栏中选择“文件→保存”，或者按下 Ctrl+S 组合键，都可以保存源文件，如图 1.22 所示。

注意将源文件后缀改为[.c]。

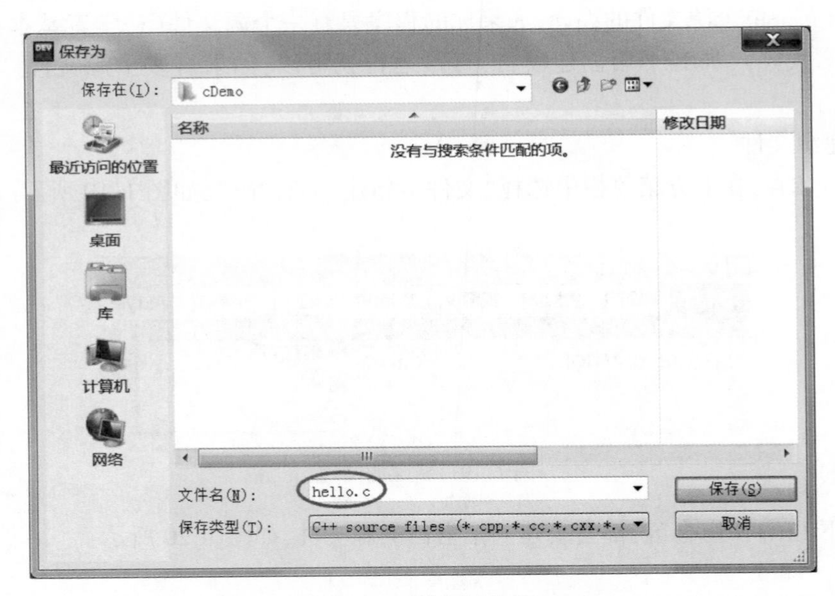

图 1.22　保存源文件

提示:C++是在 C 语言的基础上进行的扩展,C++已经包含了 C 语言的全部内容,所以大部分 IDE 默认创建的是 C++文件。但是这并不影响使用,我们在填写源文件名称时把后缀改为[.c]即可,编译器会根据源文件的后缀来判断代码的种类。图 1.22 中,我们将源文件命名为"hello.c"。

(2)生成可执行程序

在上方菜单栏中选择"运行→编译",就可以完成"hello.c"源文件的编译工作,如图 1.23 所示。或者直接按下 F9 键,也能够完成编译工作,这样更加便捷。如果代码没有错误,会在下方的"编译日志"窗口中看到编译成功的提示,如图 1.24 所示。

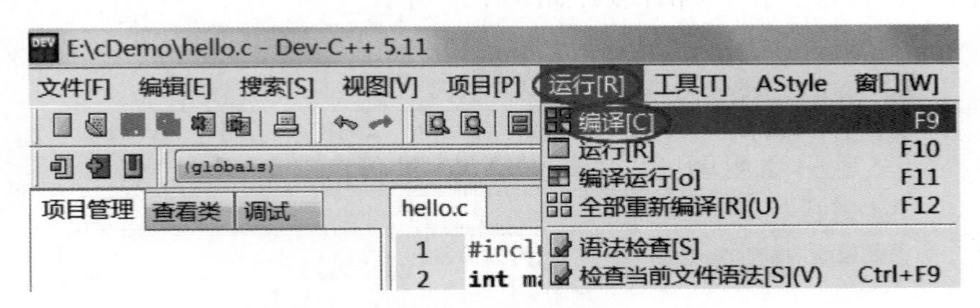

图 1.23　编译

编译完成后,打开源文件所在的目录(本教程中是 E:\cDemo\),会看到多了一个名为"hello.exe"的文件,这就是最终生成的可执行文件。之所以没有看到目标文件,是因为 Dev C++将编译和链接这两个步骤合二为一了,将它们统称为"编译",并且在链接完成后删除了目标文件。

双击"hello.exe"运行,并没有输出"C 语言中文网"几个字,而是会看到一个黑色窗口一闪而过。这是因为,程序输出"C 语言中文网"后就运行结束了,窗口会自动关闭,时间非常短暂,所以看不到输出结果,只能看到一个"黑影"。同样要看到输出结果,请参照 1.1 节中的做

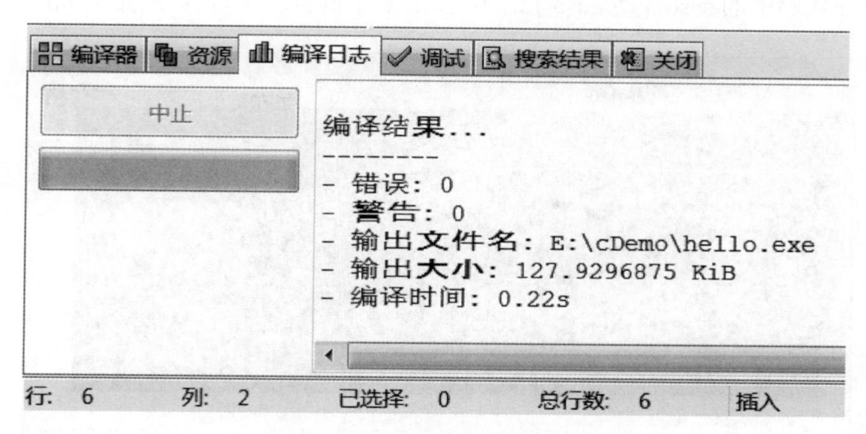

图 1.24　编译日志

法,对代码稍作修改。注意代码开头部分还添加了#include <stdlib.h>语句,否则 system("pause");无效。

再次编译,运行生成的“hello.exe”,终于如愿以偿,看到输出结果了,如图 1.25 所示。按下键盘上的任意一个键,程序就会关闭。

图 1.25　运行结果

更加快捷的方式,实际开发中我们一般使用菜单中的“编译→编译运行”选项,如图 1.26 所示。或者直接按下 F11 键,这样能够一键完成“编译→链接→运行”的全过程,不用再到文件夹中找到可执行程序后运行。这样做的另外一个好处是,编译器会让程序自动暂停,我们也不用再添加 system("pause");语句了。

图 1.26　编译运行

删除上面代码中的 system("pause");语句，按下 F11 键再次运行程序，结果如图 1.27 所示。

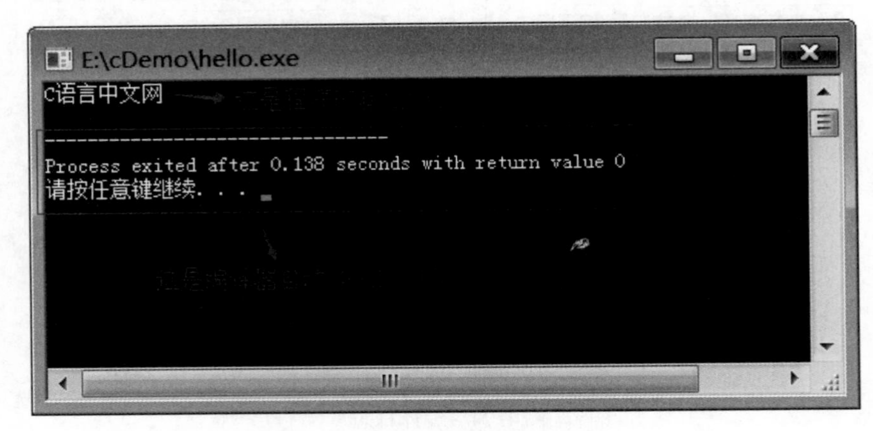

图 1.27　运行结果

(3) 总结

现在，你已经使用 Dev C++完成了你的第一个程序，虽然这个程序非常简单，但通过它你已经了解如何使用 Dev C++。编程工具有很多，也各有特点，选择适合自己的工具开启编程的道路吧。

1.3　Code::Blocks 编程环境

仍以 1.1 节中给出的 C 语言代码为例，本节我们就来看看如何通过 Code::Blocks 来运行这段代码。

Code::Blocks 完全支持单个源文件的编译，如果你的程序只有一个源文件（初学者基本上都是在单个源文件下编写代码），那么不用创建项目，直接运行即可；如果有多个源文件，才需要创建项目。

(1) 新建源文件

打开 Code::Blocks，在上方菜单栏中选择"文件→新建→空白文件"，如图 1.28 所示。或者直接按下 Ctrl + Shift + N 组合键，都会新建一个空白的源文件，如图 1.29 所示。

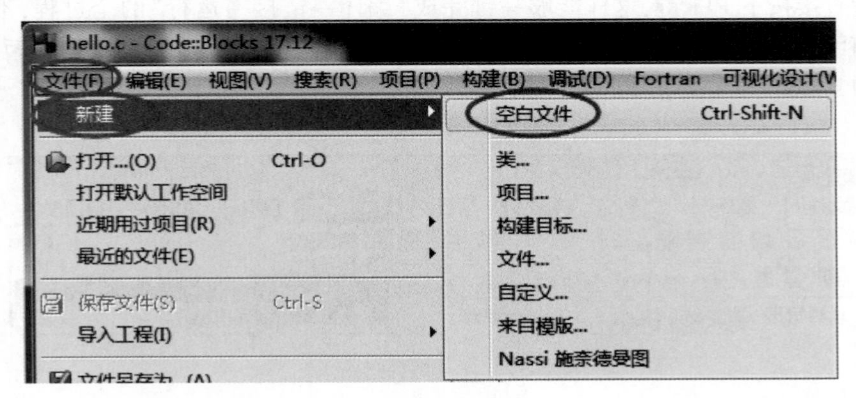

图 1.28　新建空白文件

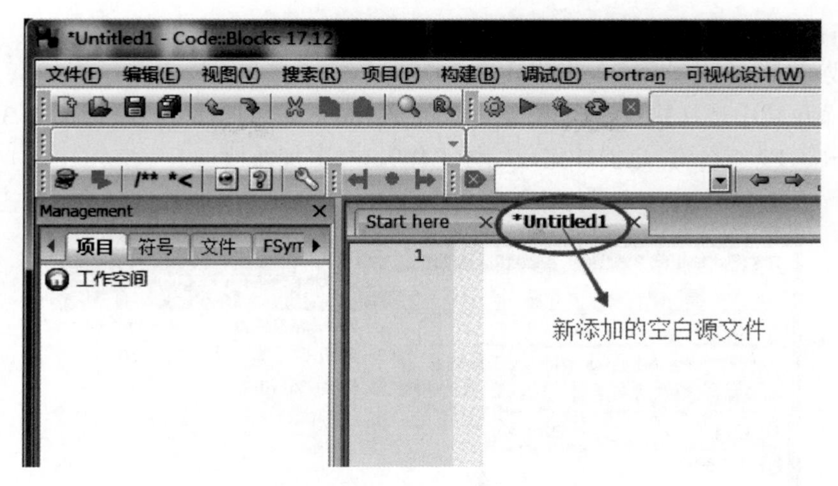

图1.29　空白源文件

在空白源文件中输入1.1节开头的代码,如图1.30所示。

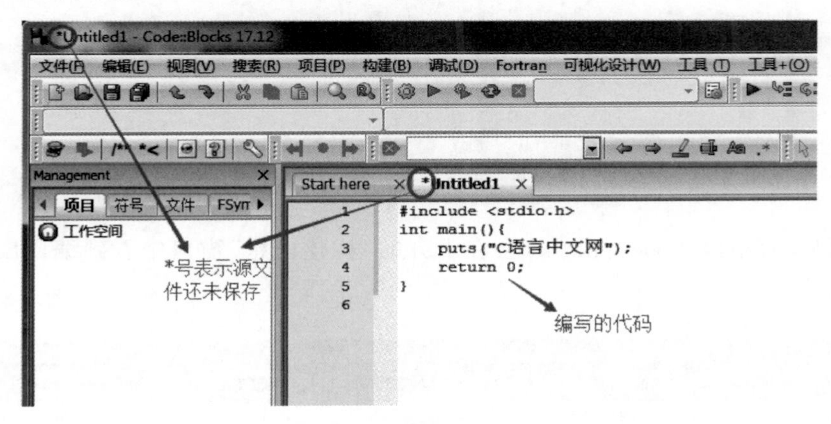

图1.30　源代码文件

在上方菜单栏中选择"文件→保存文件",或者按下 Ctrl + S 组合键,都可以保存源文件,如图1.31所示。

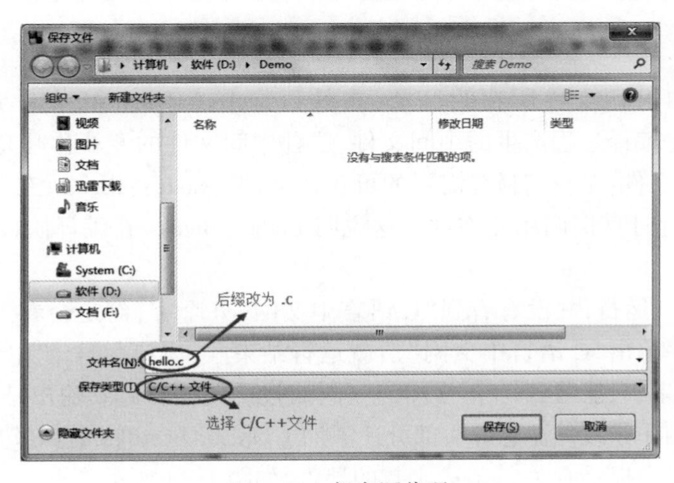

图1.31　保存源代码

注意:保存时,将源文件后缀名改为[.c]。

(2)生成可执行程序

在上方菜单栏中选择构建→构建,就可以完成“hello.c”的编译工作,如图 1.32 所示。或者直接按 Ctrl + F9 组合键,也能够完成编译工作,这样更加便捷。

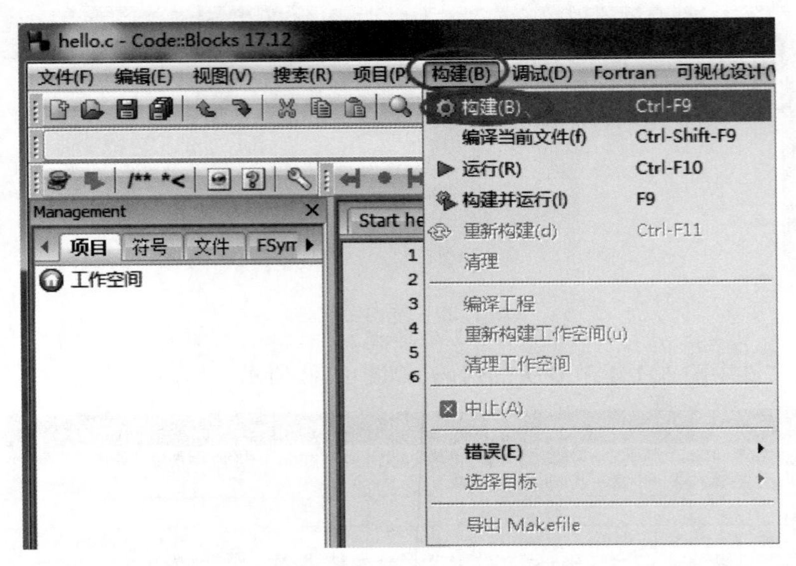

图 1.32　构建

如果代码没有错误,Code::Blocks 会在下方的“构建信息”窗口中看到编译成功的提示,如图 1.33 所示。

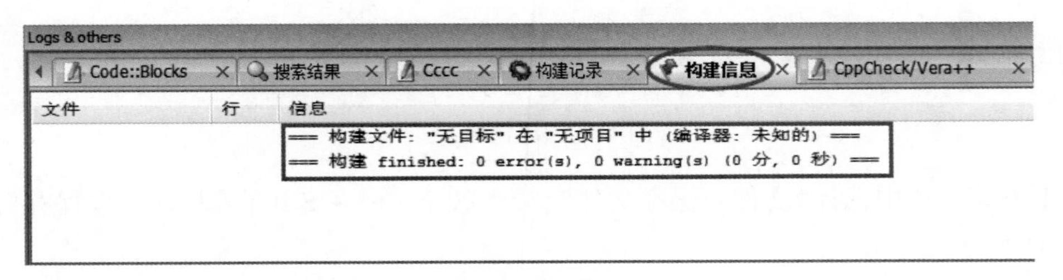

图 1.33　构建信息

编译完成后,打开源文件所在的目录(本教程是 D:\Demo\),会看到多了两个文件,“hello.o”文件:这是编译过程产生的中间文件,这种中间文件的专业称呼是目标文件(Object File)。“hello.exe”文件:是我们最终需要的可执行文件。Code::Blocks 在编译过程就会生成此文件,以便在运行时直接调用此文件。这说明 Code::Blocks 在编译阶段整合了“编译+链接”的过程。

双击“hello.exe”运行,并没有看到“C 语言中文网”几个字,而是会看到一个边框一闪而过。这是因为,程序输出“C 语言中文网”后就运行结束了,窗口会自动关闭,时间非常短暂,所以看不到输出结果,只能看到一个“边框”一闪而过。同样要看到输出结果,请参照 1.1 节中的做法,对代码稍作修改。注意开头部分还添加了#include<stdlib. h>语句,否则当你重新编译时,构建信息窗口会提示有关 system 函数的警告,如图 1.34 所示:

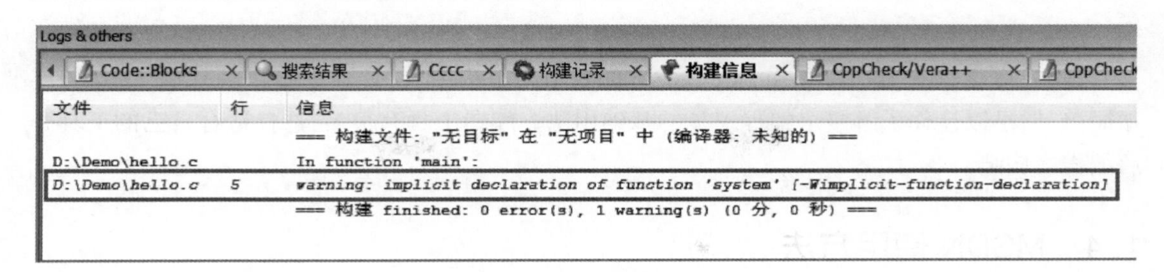

图 1.34　构建警告信息

再次编译、运行生成的“hello. exe”,终于如愿以偿,看到输出结果,如图 1.35 所示。按下键盘上的任意一个键,程序就会关闭。

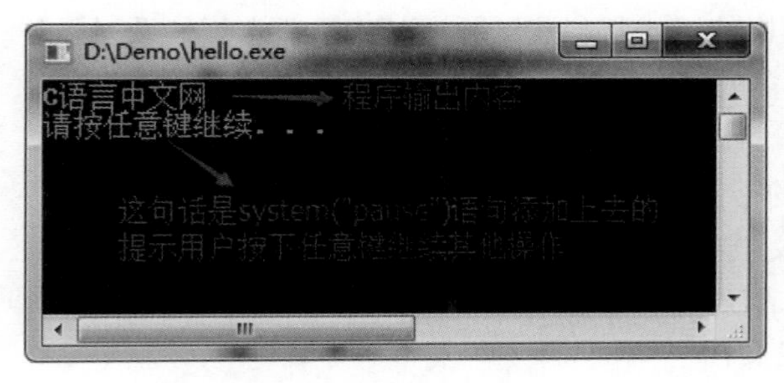

图 1.35　运行结果

实际开发中我们一般使用菜单中的“构建→构建并运行”选项,如图 1.36 所示。或者直接按下 F9 键,这样能够一键完成“编译→链接→运行”的全过程。这样做的好处是,编译器会让程序自动暂停,我们也不用再添加 system("pause");语句,运行结果如图 1.37 所示。

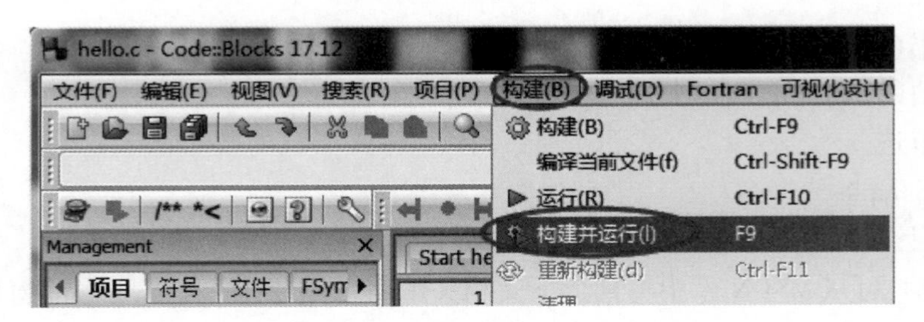

图 1.36　构建并运行

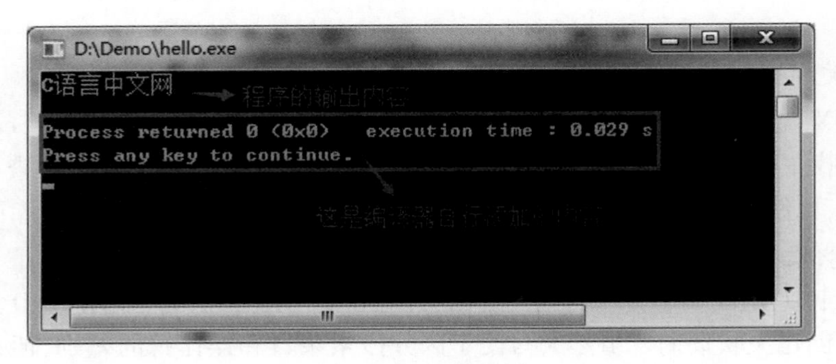

图 1.37　运行结果

(3)总结

现在,你已经使用Code::Blocks完成了你的第一个程序,这是一个不错的开始,虽然程序很简单,但足以让你了解整个编程工具的基础用法。编辑工具有很多,选择适合自己的工具开启编程之旅吧。

1.4 MSDN使用方法

《Microsoft Developer Network》(简称MSDN),是微软的一个期刊产品,专门介绍各种编程技巧。MSDN实际上是一个以Visual Studio和Windows平台为核心整合的开发虚拟社区,包括技术文档、在线电子教程、网络虚拟实验室、微软产品下载(几乎全部的操作系统、服务器程序、应用程序和开发程序的正式版和测试版)、MSDN杂志等一系列服务。MSDN内容包括:

- 更新说明和更多的浏览信息
- .NET文档
- Visual Studio的帮助库
- Office开发者文档
- 嵌入设备开发者文档
- 平台SDK开发文档
- 其他文档(新加入的XML&SOAP开发包,Passport开发包,Project2000等)
- Windows系列资源包的开发文档
- 知识库
- 技术文章
- 背景知识
- 规格书(或者叫白皮书)
- 有价值的书(MSPress书)
- 杂志节选
- 示例Samples

(1)使用上下文关联帮助

按下F1键,可从MSDN库中得到上下文相关帮助。你选择一个基于当前窗口和光标位置的主题,同时你将看到包含上下文相关帮助的MSDN可视窗口。如果在编辑源文件时按下F1键,系统可提供光标处单词的帮助信息。如果可能的帮助主题超过一个,屏幕上出现一系列可选项。

(2)使用关键字搜索帮助

单击MSDN观察器中的Search标签,即可搜索MSDN的关键字列表。此Search标签允许输入查询来查找主题,用户可以使用查询搜索库的全部内容、部分内容和最后查询结果。当限制搜索范围时,可使用最后一个选项。用户可以利用查询来搜索整个MSDN库的内容或只搜索每个主题的标题如图1.38所示。

查询过程十分简单,如搜索一个单词,也可以查询一组同义词。使用AND、OR、NEAR和NOT操作符可创建关联查询。虽然大写便于区分搜索条目和操作符的差别,但条目和操作符大小写均能识别。例如,要查找与单词dialog和tab相关的所有主题,可使用以下查询代码:

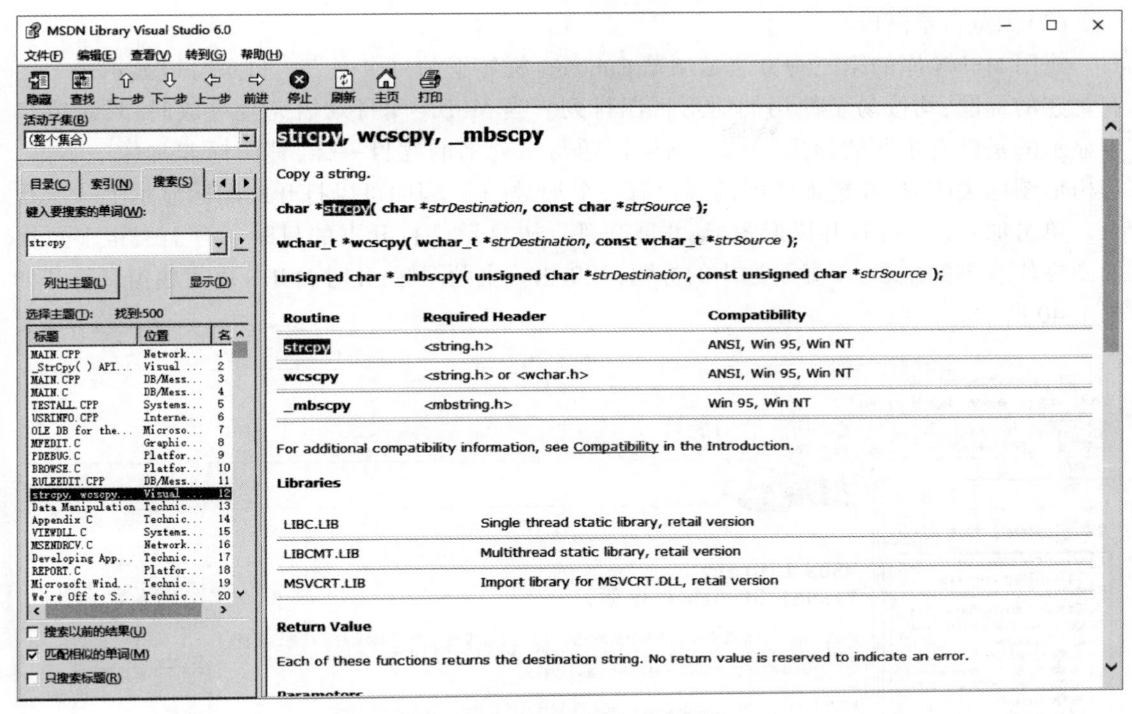

图 1.38　使用关键字搜索帮助

dialog NEAR tab 或 dialog near tab;要查找 main,但不包含 winmain 的主题,可使用以下查询代码:main NOT WinMain 或 main NOT winmain。

也可以通过索引进行搜索需要的相关信息,如图 1.39 所示。

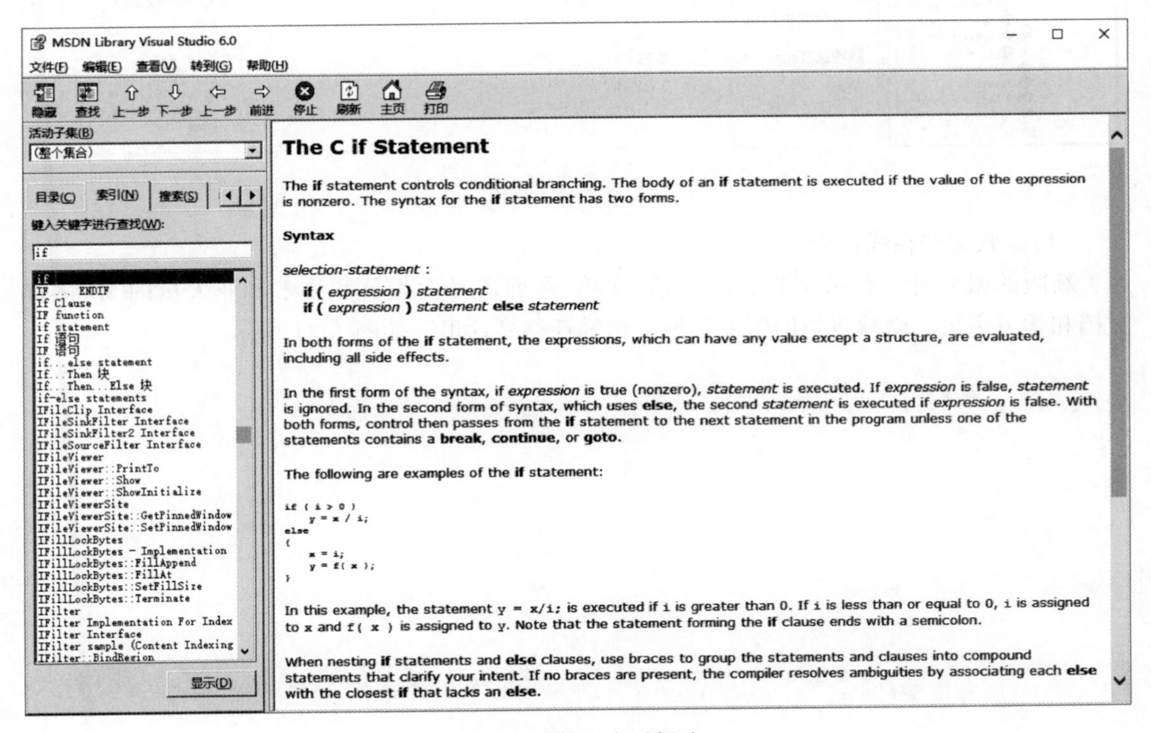

图 1.39　使用索引帮助

(3)浏览目录窗口

使用 MSDN 库的第三种方法是浏览 Contents 标签下的目录列表。目录窗口显示每个已有主题的标题,均按易于使用的树形视图排列。当 MSDN 库目录树完全叠放时,目录窗口中显示的是已有主题的顶层标题。顶层标题与系列书的题目一样,其图标非常像一本书。当树形图标关闭时,在树形图标的旁边有一个加号(+),表明可以打开此图标显示下一层目录。单击加号(+)可打开树形图标,并展开目录树显示已打开书的目录。看上去很多页面的图标代表书的主题,要显示选中的标题,可单击该主题图标,此时 MSDN 库主题窗口打开如图 1.40 所示。

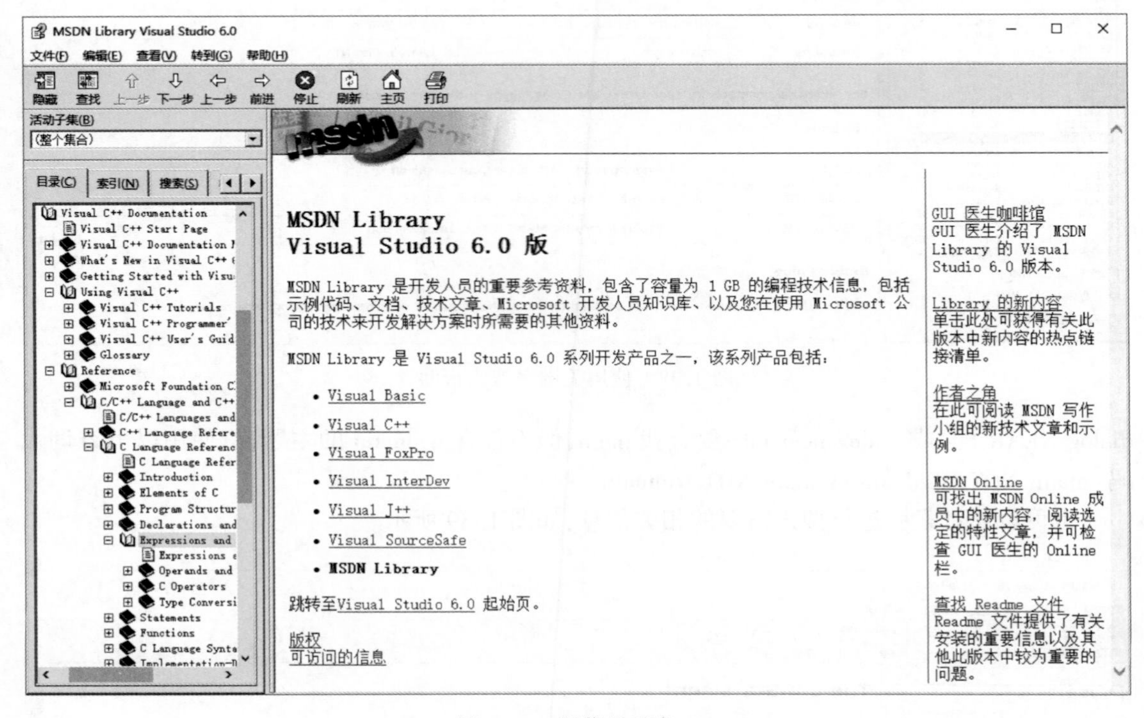

图 1.40　浏览目录窗口

(4)微软文档在线帮助

新版的微软开发帮助文档,称为微软文档,是面向开发人员和技术专业人员的 Microsoft 文档和学习主页。微软将把旧版的帮助文档都迁移到这里。如图 1.41 所示。

图 1.41　微软文档

1.5　阅读程序的方法

下面介绍阅读 C 语言程序的方法,使用这种方法可以激发编程兴趣,培养自主学习的能力。

下面以一个实际的例子来探讨 C 语言程序源代码阅读的具体方法和技巧。

例:将两数组中的元素互换。

程序源码:

```
#include <stdio.h>
int A[5],B[5];
datainput() // 数据输入
{
    int i;
    printf("please intput 5 numbers:\n");
    for(i=0;i++;i<5)
        scanf("%d ",A[i]);
    printf("\n");
    printf("please intput 5 numbers:\n");
    for(i=0;i++;i<5)
        scanf("%d ",B[i]);
    printf("\n");
}
exchange()  // 交换函数
{
    int i, C;
    for(i=0;i++;i<5)
    {
        C = A[i];
```

```
            A[i] = B[i];
            B[i] = C;
        }
}
output()    // 数据输出
{
    int i;
    printf("The result is \n");
    for(i=0;i++;i<5)
        printf("%d ",A[i]);
    printf("\n");
    for(i=0;i++;i<5)
        printf("%d ",B[i]);
    printf("\n");
}

void main() // 主函数
{
    datainput( );
    exchange ( );
    output( );
}
```

学习 C 语言,看懂源码是关键,掌握计算机程序运行的过程,然后才能进一步编写程序。下面来介绍分析程序源代码的步骤:

(1)分析题目需求

主要从三个方面入手:

- 题目具备的条件——有两个数组 A 和 B。
- 要做什么处理过程——要将数组中对应的元素交换。
- 要求得出什么样的结果——数组 A 和 B 中的元素互换。

(2)如何实现题目的要求

这里主要是考虑,如果没有现成的程序源代码,解题思路是什么,怎么实现。最好画出流程示意图。

- 两数交换 A[0]和 B[0]。需要一个临时变量。交换业务流程如图 1.42 所示。

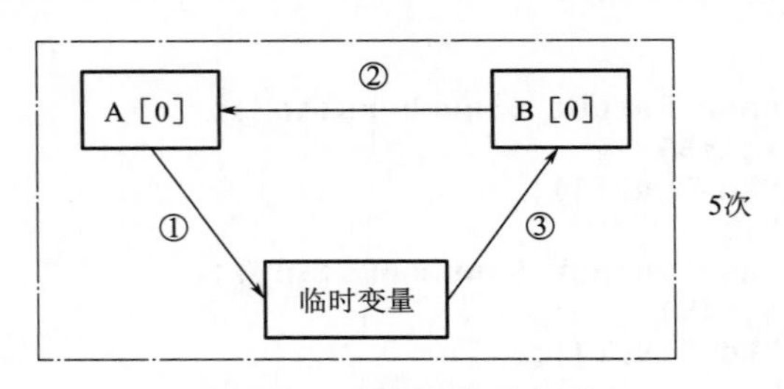

图 1.42 两数交换示意图

- 要重复做 5 次。

这是自己考虑的解决问题的方法,不一定与程序源代码中一致,但是这有助于分析程序。

(3)开始看程序,分析程序的模块

可以看出程序分四个部分:

- 两个数组元素的录入模块
- 循环做两数的互换模块
- 输出互换后的结果模块
- 主程序模块

(4)分析程序中的数据结构

用内存状态示意图表示,如图 1.43 所示:两个数组,一个临时变量。并结合图 1.42 中的示意图。数组里的数为录入的测试数据。

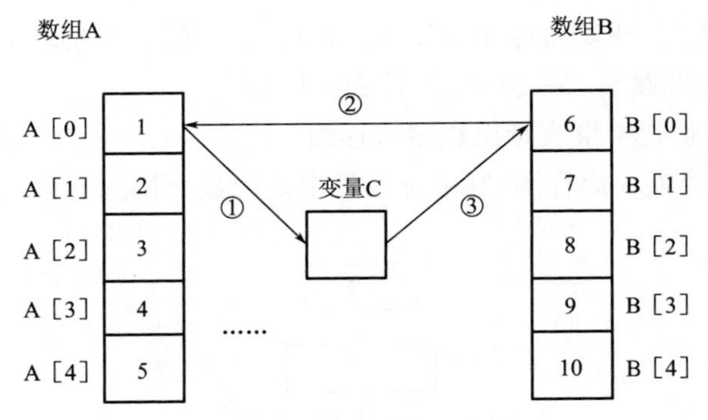

图 1.43　内存状态示意图

(5)选择需分析模块,填写程序运行状态结果表。

对模块源代码进行具体的人工运行分析,选择一个模块,提取主要的变量及判断条件,写成一行。作为程序运行状态结果表的表头。如表 1.1 是提取程序中的数组互换模块,进行分析的。

表 1.1　程序运行状态结果表

程序行	i	C	A[i]	B[i]	i< 5
for(i=0;i++;i<5)	0		**1**	**6**	**T**
C = A[i];	0	1	1	6	
A[i] = B[i];	0	1	6	6	
B[i] = C;	0	1	**6**	**1**	
	1	1	**2**	**7**	**T**
	1	2	2	7	
	1	2	7	7	
	1	2	**7**	**2**	
	2	2	**3**	**8**	**T**
	2	3	3	8	
	2	3	8	8	
	2	3	**8**	**3**	
	3	3	**4**	**9**	**T**
	3	4	4	9	
	3	4	9	9	
	3	4	**9**	**4**	

续表

程序行	i	C	A[i]	B[i]	i< 5
	4	4	**5**	**10**	**T**
	4	5	5	10	
	4	5	10	10	
	4	5	**10**	**5**	
	5				**F**

人工模拟执行所选定的模块的程序源代码,并把每一代码行的运行结果填写到程序运行状态结果表中。如有判断跳转,需要标注跳转到的位置。

(6)根据程序运行状态结果表画出程序流程图

图 1.44 为数组互换模块流程图,其中虚线框中是两数交换的流程图模块。

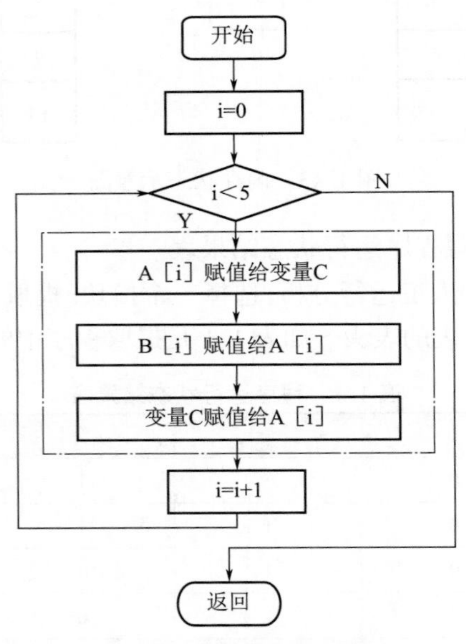

图 1.44　数组互换流程图

(7)重复(4)(5)(6)步骤,分析各个模块

根据方法中的(4)(5)(6)步骤,逐个模块分析,并给出相应的结果。

(8)分析主调用模块

给出主要的整体流程图如图 1.45 所示。要分析出主流程图,并要给出每个模块之间的接口参数和依赖与调用关系。

(9)上机调试程序,并与以上人工分析的结果进行比较

增开窗口,查看单步运行时变量的变化情况,并与人工模拟的程序运行状态结果表进行比较,校验人工代码运行,从而进一步深化理解程序,以及计算机运行程序的情况如图 1.46 所示。

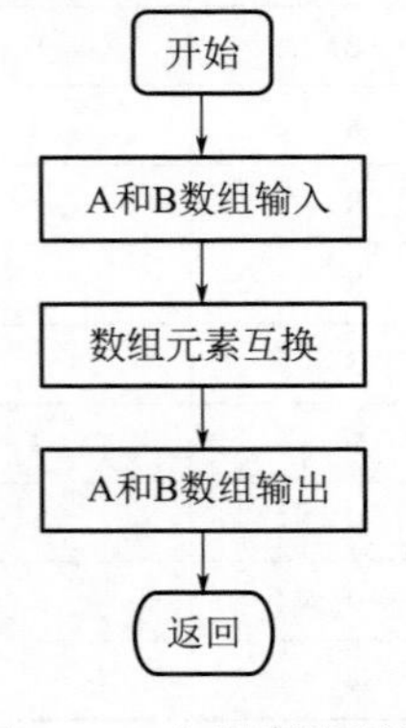

图 1.45　主程序流程图

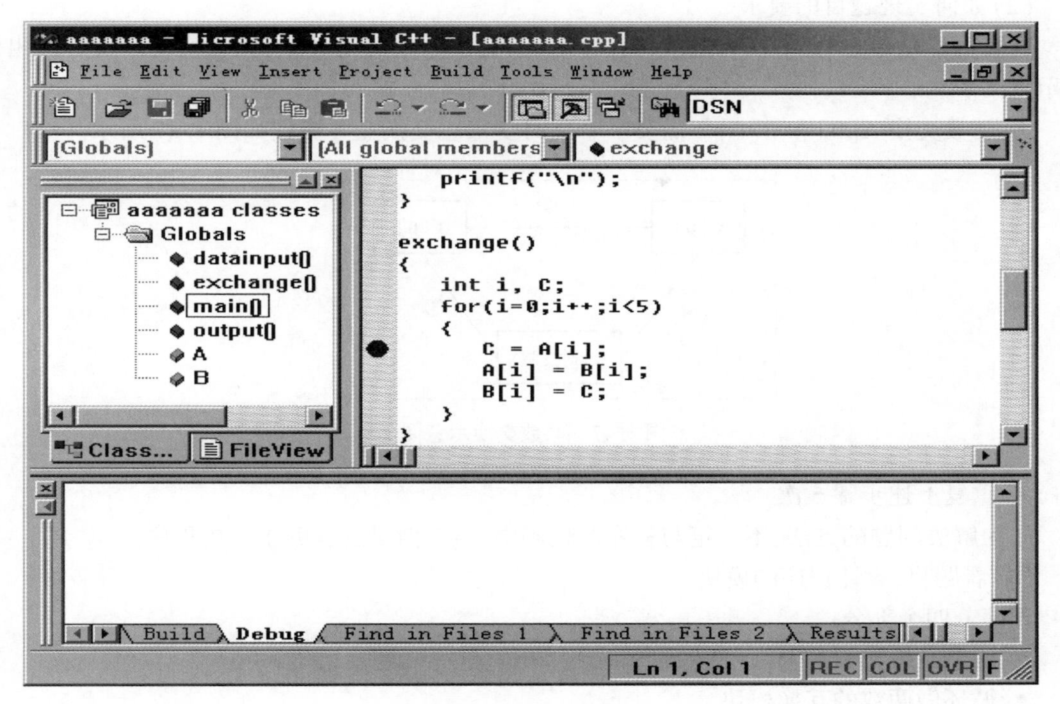

图 1.46　调试图

(10)回顾

查看各个步骤的图表,深入并且整体地分析程序源代码。体会所给出的程序是如何解决题目需求的。

总结:以上提供的阅读 C 语言程序的方法中,同学们可以根据具体程序的特点,选取其中的某几个步骤分析 C 语言程序。如遇到指针、链表、数组与结构体等方面的题目,建议画出内存状态表,和流程示意图;遇到循环结构方面的题目建议写出程序运行状态结果表,流程图等。

1.6　编写程序的方法

编写程序一定要注意对题目进行充分的需求分析,使用自顶向下,逐步求精的过程,注意程序设计的模块化,结构化。有助于调试程序时的逻辑分析。

学习程序设计,不能开始就写代码。许多人在动手写程序的时候会感到无从下手。原因主要是:看到一个题目不知道如何去分析,它怎么才能变成一个程序,这是初学者在程序设计时的主要问题。下面给出分步式的方法,依旧以两数组中的元素互换为例。

(1)分析题目需求

主要从三个方面入手:

- 题目具备的条件——有两个数组 A 和 B。
- 要做什么处理过程——要将数组中对应的元素交换。
- 要求得出什么样的结果——数组 A 和 B 中的元素互换。

(2)如何实现题目的要求

这里主要是考虑,如果没有现成的程序源代码,解题思路是什么,怎么实现。最好画出流程示意图。

- 两数交换 A[0]和 B[0]。需要一个临时变量。交换业务流程如图 1.47 所示。

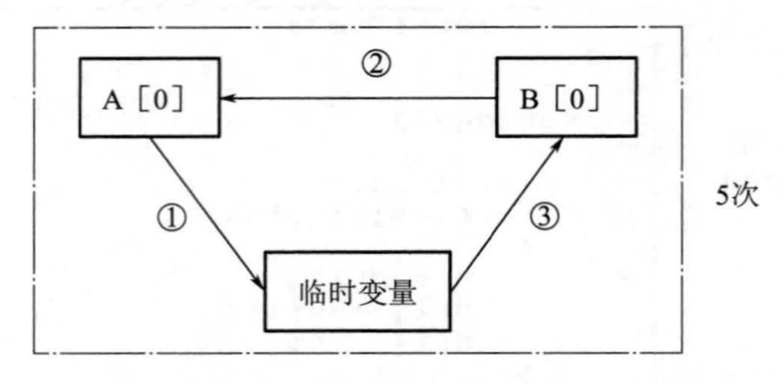

图 1.47　两数交换示意图

- 重复上述步骤 5 次。

此为解决问题的方法,不一定与程序源代码中一致,但是这有助于分析程序。

(3)看题目,设计程序的模块

程序分四个部分:

- 两个数组元素的录入模块
- 循环做两数的互换模块
- 输出互换后的结果模块
- 主程序模块

(4)分析程序中的数据结构

用内存状态示意图表示,如图 1.48 所示:两个数组;一个临时变量。并结合图 1.47 中的示意图。这在学习数组、指针和链表等内容时更加能帮助理解。

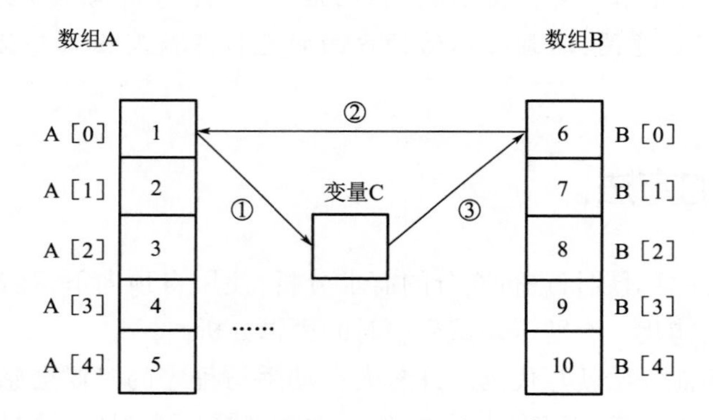

图 1.48　内存状态示意图

(5)分析主调用模块

给出主程序的整体流程图如图 1.49 所示。要分析出主程序流程图,并要给出每个模块之间的接口参数和依赖与调用关系。

(6)根据画出子模块程序流程图

图 1.50 数组互换模块流程图,其中虚线框中是两数交换的流程图模块。

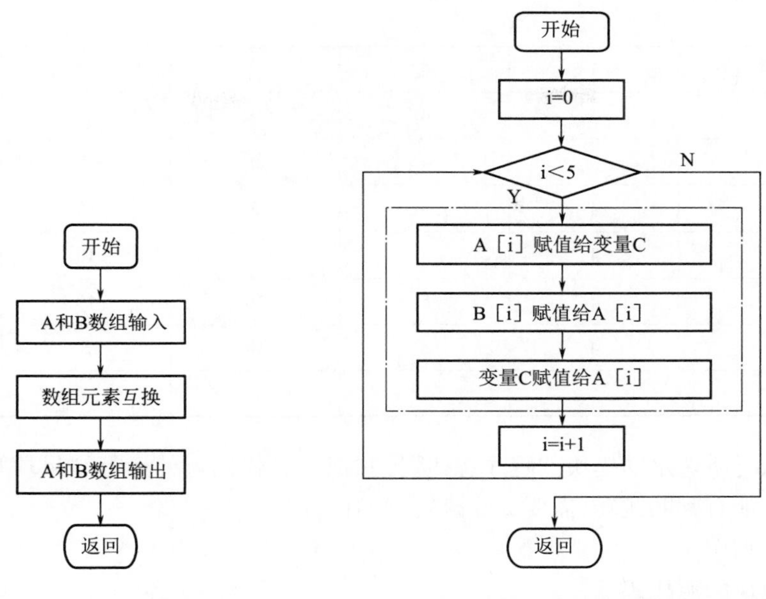

图 1.49　主程序流程图　　　　图 1.50　数组互换流程图

(7)选择需分析模块，填写程序运行状态结果表

对模块源代码进行具体的人工运行分析，选择一个模块，提取主要的变量及判断条件，写成一行。作为程序运行状态结果表的表头。如表 1.2 是提取程序中的数组互换模块进行分析的。这在学习分支结构和循环结构等内容时更加能帮助理解。

表 1.2　程序运行状态结果表

程序行	i	C	A[i]	B[i]	i<5
for(i=0;i++;i<5)	0		**1**	**6**	**T**
C=A[i];	0	1	1	6	
A[i] = B[i];	0	1	6	6	
B[i] = C;	0	1	**6**	**1**	
	1	1	**2**	**7**	**T**
	1	2	2	7	
	1	2	7	7	
	1	2	**7**	**2**	
	2	2	**3**	**8**	**T**
	2	3	3	8	
	2	3	8	8	
	2	3	**8**	**3**	
	3	3	**4**	**9**	**T**
	3	4	4	9	

续表

程序行	i	C	A[i]	B[i]	i<5
	3	4	9	9	
	3	4	**9**	**4**	
	4	4	**5**	**10**	**T**
	4	5	5	10	
	4	5	10	10	
	4	5	**10**	**5**	
	5				**F**

人工模拟执行所选定的模块的程序源代码，并把每一代码行的运行结果填写到程序运行状态结果表中。如有判断跳转，需要标注跳转到的位置。

(8)写出源代码

逐个写出模块的源代码。

(9)上机调试程序，并与以上人工分析的结果进行比较

增开窗口，查看单步运行时变量的变化情况，并与人工模拟的程序运行状态结果表进行比较，校验人工代码运行，从而进一步深化理解程序以及计算机运行程序的情况如图 1.51 所示。

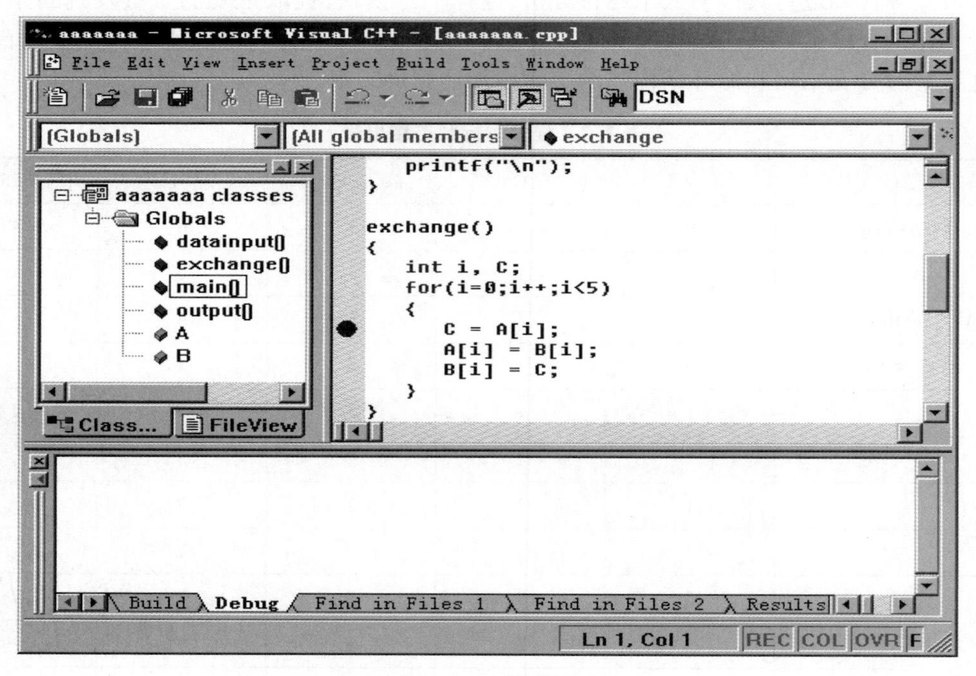

图 1.51　调试图

(10)回顾

查看各个步骤的图表，深入并且整体地分析程序源代码。体会所给出的程序是如何解决题目需求的。

第 2 章　上机实验

2.1　实验一　数据类型、运算符与表达式

(1)实验目的

① 了解算法的概念、特性、算法在程序设计中的地位。

② 熟悉算法的表示方法。

③ 掌握用流程图表示一个算法。

④ 能独立设计一个问题的算法，并根据该算法编出问题的程序。

⑤ 掌握 C 语言数据类型，熟悉如何定义一个整型、字符型和实型变量，以及对它们赋值的方法，了解以上类型数据输出时所用的格式转换符。

⑥ 学会使用 C 的有关算术运算符，以及包含这些运算符的表达式，特别是自加、自减运算符的使用。

⑦ 进一步熟悉 C 程序的编辑、编译、连接和运行的过程。

(2)实验准备

① 复习算法的概念及特性。

② 复习算法的几种表示方法。

③ 复习 C 语言的数据类型。

④ 复习各种运算符和表达式。

⑤ 复习自加、自减运算符并能够熟练应用。

⑥ 源程序。

(3)实验步骤及内容

① 运行程序并回答问题

```
#include<stdio.h>
void main()
{
    printf("%c",'\007');
}
```

问题：如果执行 printf("%c",0x7)会得到什么结果？为什么？

```
#include<stdio.h>
void main()
{
    char c1,c2;
    c1=getchar();
    c2=getchar();
    putchar(c1);
    putchar(c2);
}
```

问题:把 c1,c2 定义成整型变量是否可以？为什么？采用同样的输入值观察结果。

② 输入程序并运行:

```
#include<stdio.h>
void main()
{
    char c1,c2;
    c1=97;c2=98;
    printf("%c %c",c1,c2);
}
```

在此基础上:

- 加 printf("%d,%d",c1,c2);运行。
- 将第二行改为:int c1,c2;运行。
- 将第三行改为:c1 = 300;c2 = 400;运行。

③ 输入程序并运行:

```
#include<stdio.h>
void main()
{
    char c1='a',c2='b',c3='c',c4='\101',c5='\116';
    printf("a%cb%c\tc%c\tabc\n",c1,c2,c3);
    printf("\t\b%c%c",c4,c5);
}
```

(4)实验报告

① 流程图。

② 源程序。

③ 调试过程中出现的错误及修改情况。

④ 实验结果。

⑤ 根据实验结果分析原有程序和修改后的程序的差别。

⑥ 实验感受及体会。

(5)常见错误

① 将主函数名 main 部分或全部大写。

例如,以下程序的功能是输出一行信息。

```
#include<stdio.h>
void Main() //正确的应为: main()
{
    printf("This is a C program.\n");
}
```

【分析】本题编译不报错,但是链接或运行时报错(错误信息为:Undefined symbol ‘_main’ in module c0s)。该错误信息显然是对程序中的 Main 进行报错,C 语言规定,主函数名 main 必须是小写字母,所以将 Main 中的“M”改成小写就可以了。

② 忽略大小写字母的区别。

例如,以下程序的功能是输出变量的值。

```
#include<stdio.h>
void main()
{
    int a=5;
    printf("%d",A);
}
```

【分析】本题编译报错,错误信息有两条:

- Undefined sysmbol ‘A’ in function main.
- ‘a’ is assigned a value which is never used in function main.

该报错信息表明 A 没有定义,并且 a 在主函数中赋了值却没有被引用。这是因为 C 语言程序认为大写字母和小写字母是两个不同的标识符,所以编译程序把 a 和 A 认为是两个不同的变量名,因此只要将程序中的 a 同时大写或同时小写即可。

③ 忽略了变量的类型,进行了不合法的运算。

例如,以下程序的功能是输出 a 除以 b 的余数。

```
#include<stdio.h>
void main()
{
    float a=10,b=3;  // (1) 将float改为int
    printf("%d",a%b);  //  (2)
}
```

【分析】本题编译报错信息:Illegal use of floating point in function main,报错位置在 printf 函数处。这是因为求余运算“%”要求除数和被除数都必须是整型数,而程序中却将 a,b 都定义成了实型。此题有两种修改方法:一是将上述语句(1)处的 float 改为 int;二是将语句(2)处的 a%b 改为(int)a%(int)b。

④ 混淆了字符常量和字符串常量。

例如,以下程序的功能是输出字符变量的值。

```
#include <stdio.h>
void main()
{
    char c;
    c="A";        //  (1)  改为 c= 'A';
    putchar(c);
}
```

【分析】本题编译报错信息为:Non-portable pointer assignment in function main,报错位置在上述语句(1)处。这是由于编程者混淆了字符常量与字符串常量的概念和表示方式。变量 c 是字符常量,只能存放字符常量,而字符常量是指用单引号括起来的单个字符或转义字符,字符串常量是用双引号括起来的字符序列,所以应将(1)处的双引号改为单引号。

⑤ 对两个整数做除法(“/”)运算的特点认识不清。

例如,以下程序的功能是输入一个华氏温度,输出对应的摄氏温度,其公式为 c=(5/9)(f-32)。

```
#include <stdio.h>
void main()
{
    float c,f;
    scanf("%f",&f);
    c=5/9*(f-32);   //  (1) 改为 c=5.0/9*(f-32);
    printf("c=%5.2f",c);
}
```

【分析】本题编译不报错,但在运行时输入 78,输出结果为 c=0.00。这显然不是我们想要的结果。问题出在语句(1)处,因为 5/9 的结果是零,因此本题中 5 和 9 必须至少有一个要用实型表示,如将 5/9 改为 5.0/9,则输出结果为 c=25.56。

⑥ 将符号常量名误认为可以像变量一样地使用。

例如,以下程序的功能是已知商品数量后,计算商品的总价。

```
#define PRICE 10    // (1)
#include <stdio.h>
void main()
{
    float num,total;
    PRICE =20;  //  (2)  将该语句去掉
    scanf("%f",&num);
    total=PRICE*num;
    printf("total=%f\n",total);
}
```

【分析】本题编译错误信息为:Lvalue required in function main,报错位置在语句(2)处。这是因为在程序中 PRICE 已经定义成了符号常量,所以不能在程序中将它当成变量用赋值语句对其重新赋值。要使得 PRICE 的替换值为 20,应将语句(2)去掉,将语句(1)处 10 改为 20。

⑦ 变量未定义就使用。

例如,以下程序的功能是输入圆的半径,求圆的面积。

```
#include <stdio.h>
void main()
{
    float r,pi=3.1416;  //   (1)
    scanf("%f",&r);
    s=pi*r*r;   // (2)  此处的变量s未定义
    printf("s=%f\n",s);
}
```

【分析】本题编译错误信息为:Undefined symbol ‘s’ in function main,错误位置在语句(2)处。这是因为 C 语言语法规定:所有变量必须先定义后使用。而本程序中变量 s 没有定义,应在程序(1)的位置加上对变量的定义。

⑧ 对函数体中语句的顺序概念不清。

例如,一下程序的功能是输入圆的半径,求圆的面积。

```
#include <stdio.h>
void main()
{
    float r,pi=3.1416;
    scanf("%f",&r); // (1)
    float s;    //  (2)   将该语句调整到上一条语句的前面
    s=pi*r*r;
    printf("s=%f\n",s);
}
```

【分析】本程序编译报错(其中一条错误信息为:Expression syntax in function main)。出错位置在程序(2)处。C 语言函数体中的语句顺序是有规定的:应是定义语句在先,执行语句在后,也就是说程序中的语句(1)和(2)应颠倒一下位置。

2.2　实验二　顺序结构程序设计

(1)实验目的

① 掌握 C 语言中使用最多、最基本的一种语句——赋值语句的使用。

② 掌握数据的输入输出方法,能正确使用各种格式转换符。

③ 熟悉顺序结构的程序设计方法。

④ 进一步掌握 C 语言程序的编辑、编译、连接和运行的过程。

(2)实验准备

① 复习 C 语言的赋值运算符“=”,同时区分“=”和“==”的区别。

② 复习 printf 和 scanf 的格式及要求。

③ 源程序编写规范。

(3)实验步骤及内容

① 输入并运行以下程序,调试并运行出结果

```
#include <stdio.h>
void main()
{
    int a,b;
    float d,e;
    char c1,c2;
    double f,g;
    long m,n;
    unsigned int p,q;
    a=61; b=62;
    c1='a'; c2='b';
    d=3.56; e=-6.87;
    f=3157.890121; g=0.123456789;
    m=50000; n=-60000;
    p=32768; q=40000;
    printf("a=%d,b=%d\nc1=%c,c2=%c\nd=%6.2f,e=%6.2f\n",a,b,c1,c2,d,e);
    printf("f=%15.6f,g=%15.2f\n m=%ld,n=%ld\n p=%u,q=%u\n",f,g,m,n,p,q);
}
```

② 运行程序并回答问题

```
#include <stdio.h>
void main()
{
    int n,x,y,z;
    printf("请输入一个不大于1000的整数:");
    scanf("%d",&n);
    x=n/100;
    y=(n-x*100)/10;
    z=(n-x*100-y*10);
    printf("\n%d%d%d\n",z,y,x);
}
```

问题:此程序的功能是什么?你能用其他方法实现同样的功能吗?请上机调试。

③ 编写输入三角形的三边长 a、b、c,求三角形面积 area 的程序。

(4)实验报告

① 源程序。

② 调试过程中出现的错误及修改情况。

③ 实验结果。

④ 根据实验结果分析原有程序和修改后的程序的差别。

⑤ 实验的感受及体会。

(5)常见错误

① 忘加头文件

例如,以下程序的功能是输出字符变量的值。

```
                //缺#include<stdio.h>
void main()
{
    char c='A'; //  (1)  将float改为int
    putchar;//要用putchar函数，必须在程序开头加上#include<stdio.h>
}
```

【分析】本题编译不报错,但是连接或运行报错(错误信息为:Undefine symbol '_putchar' in module 4. 5c)。在使用声明信息是放在 stdio. h 文件中的函数时,应在程序的开头加入一行"#include<stdio. h>"。

② 语句丢失了分号。

例如,以下程序的功能是求两数之和。

```
#include <stdio.h>
void main()
{
    int a,b,sum;
    a=123; b=456;
    sum=a+b;
    printf("sum = %d\n",sum)  // (1) 该语句末尾少了分号
}
```

【分析】本题编译报错(错误信息为:statement missing; in function main),报错位置在最后一个花括号处。改错误表面程序中丢失了分号";"。C 语言规定分号是 C 语句不可缺少的一部分,语句末尾必须有分号。改错时,经常在被指出的一行中未发现错误,就需要检查上一行是否丢失了分号。本程序中就是在语句(1)处丢失了分号。

③ scanf 函数中输入项丢失了取地址符号"&"。

例如,一下程序的功能是求两数之和。

```
#include <stdio.h>
void main()
{
    int a,b,sum;
    scanf("%d%d",a,b); // (1) 改成scanf("%d%d",&a, &b);
    sum=a+b;
    printf("sum = %d\n",sum);
}
```

【分析】本题编译时有警告信息,运行时输入 12 20〈回车〉,出现的结果不是 32,而是一个莫

名其妙的数。这是因为 scanf 函数的作用是按照 a,b 在内存中的地址将读入的 a,b 的值存进去,所以要求输入项是地址表列,因此本程序应在语句(1)处的 a,b 前加上取地址符号"&"。

④ 输入数据格式与 scanf 语句要求不一致。

例如,一下程序的功能是求两数之和。

```
#include <stdio.h>
void main()
{
    int a,b,sum;
    scanf("%d%d",&a,&b); // (1) 输入a, b两数据时应用回车或空格分隔
    sum=a+b;
    printf("sum = %d\n",sum);
}
```

【分析】本题编译不报错,但运行时输入 12,20〈回车〉,出现的结果不是 32,而是一个莫名其妙的数。这是因为 scanf 中"%d%d"表示要按十进制整数形式输入两个数据,输入数据时,在两个数据之间应以一个或多个空格间隔,也可以用回车键、Tab 键分隔,但是不能用逗号作为两个数的分隔符。如果将语句(1)改为 scanf("%d,%d",&a,&b);,则两个数据必须用逗号分隔。这是因为 C 语言规定,如果在格式控制字符串中除了格式说明之外还有其他字符,则在输入数据时应原样输入。

⑤ 使用 scanf 函数的"%c"格式连续输入字符时弄不清如何输入字符。

例如,以下程序的功能是将字符 A,B,C 分别输入给变量 a,b,c 后输出。

```
#include <stdio.h>
void main()
{
    char a,b,c;
    scanf("%c%c%c",&a,&b,&c);
    printf("%c%c%c\n",a,b,c);
}
```

【分析】本题编译不报错,但运行时出错;A□B□C〈回车〉后("□"表示空格),输出结果为:A□B,不是我们想要的数据。这是因为在用"%c"格式输入字符时,空格"□"也作为有效字符输入,这样一来就将字符 A 输入给 a,空格输入给 b,字符 B 输入给 c 了。因此要实现本题的功能需在运行时输入:ABC〈回车〉。

⑥ 输入输出格式说明符和数据类型不匹配。

例如,以下程序的功能是输入输出变量。

```
#include <stdio.h>
void main()
{
    long a;float b;
    scanf(("%d%d",&a, &b); // 改成scanf("%ld%d",&a,&b);
    printf("a=%d,b=%d\n",a, b); // 改为printf("a=%ld,b=%d\n",a,b);
}
```

【分析】本题编译不出错。但是运行时输入 40000 3〈回车〉后,输出结果为:a=-25536,b=0。显然该结果出错了。这是因为输入输出的数据类型与所用格式说明符不一致。本程序中变量 a

为长整型数,输入输出格式应为“%ld”,变量 b 为单精度实型,输入输出格式应用“%f”。

⑦ 试图在 scanf 函数中给输入项规定精度。

例如,以下程序的功能是输入输出变量。

```
#include <stdio.h>
void main()
{
    float a;
    scanf("%4.2f",&a);  // (1)  改成scanf("%f",&a);
    printf("a=%4.2f\n",a);
}
```

【分析】本题编译不报错,但运行时没有结果。这是因为语句(1)是不合法的。C 语言规定输入数据时不规定精度。

2.3　实验三　分支结构程序设计

(1)实验目的

① 了解 C 语言表示逻辑量的方法(以 0 代表“假”,以 1 代表“真”)。

② 学会正确使用逻辑运算符和逻辑表达式。

③ 熟练掌握 if 语句和 switch 语句。

④ 熟悉分支结构程序设计。

(2)实验准备

① 复习关系、逻辑、条件运算符和表达式。

② 复习 if 语句的三种形式。

③ 复习 if 语句的嵌套并能够正确分析。

④ 复习多分支选择 switch 语句。

⑤ 源程序。

(3)实验步骤及内容

① 调试下列程序

```
#include <stdio.h>
void main()
{
    int a,b,max,min;
    scanf("%d%d",&a,&b);
    if (a>b) { max=a;min=b; }
    else { min=a;max=b; }
    printf("max=%d,min=%d\n",max,min);
}
```

问题:

- 此程序的功能是什么?
- 请用条件表达式语句(?:)修改程序使之完成相同的功能。

② 编程

(a)有一函数

$$y=\begin{cases} x & (x<1) \\ 2x-1 & (1\leqslant x<10) \\ 3x-11 & (x\geqslant 10) \end{cases}$$

用 scanf 函数输入 x 的值(分别为 x<1、1≤x<10、x≥10 三种情况),求 y 值。

(b)给出一个百分制成绩,要求输出成绩等级'A''B''C''D''E'。

(90 分以上为'A',81~89 分为'B',70~79 分为'C',60~69 分为'D',60 分以下为'E'。)

(c)有一个不多于 5 位的正整数,要求:

- 求出它是几位数。
- 分别打印出每一位数字。
- 按逆序打印出各位数字,例如原数为 321,应输出 123。
- 输出四个整数,要求按大小顺序输出。

(4)实验报告

① 源程序。

② 调试过程中出现的错误及修改情况。

③ 实验结果。

④ 实验的感受及体会。

(5)常见错误

① 混淆了符号"= ="和符号"="

例如,以下程序的功能是当读入的 a 等于 3 时输出 a 的值。

```
#include <stdio.h>
void main()
{
    int a;
    scanf("%d",&a);
    if (a=3) // (1) 改为 if(a==3)
    printf("a=%d",a);
}
```

【分析】本题翻译时有警告信息:Possibly incorrect assignment in function main,报错位置在 if 与语句处。这是因为混淆了"= ="和"="。在 C 语言中,"= ="是关系运算符,"="是赋值运算符。在本程序中是要判断 a 的值是否等于 3,所以应该将语句(1)处的赋值运算符"="改为关系运算符"= ="。

② 错误理解关系表达式的含义。

例如,输入 3 个正整数,如 3 个数相等,输出"yes",否则输出"no"。

```
#include <stdio.h>
void main()
{
    int a,b,c;
    scanf("%d%d%d",&a,&b,&c);
    if(a==b==c) printf("yes");//(1)改为if(a==b&&b==c)
    else printf("no");
}
```

【分析】本题编译不会报错,但运行时输入 333〈回车〉,输出结果却为 no。这是因为语句(1)处出错了。执行表达式"a= =b= =c"的判断时,必须自左而右先判断"a= =b"的值,由于 a,b 的值均为 3,所以"a= =b"的值为 1,再判断"1= =c"的值,c 不等于 1,所以输出结果为

"no",要判断 a,b,c 三数相等,应写成"a = = b&&b = = c"。

③ 不会使用复合语句。

例如,以下程序的功能是输入两个数,将小数放在 a 中,大数放在 b 中。

```
#include <stdio.h>
void main()
{
    int a,b,t;
    scanf("%d%d",&a,&b);
    if(a>b)
        t=a;//(1)
        a=b;//(2)
        b=t;//(3)应将语句(1),(2),(3)用花括号括起来
    printf("%d,%d\n",a,b);
}
```

【分析】本题编译不报错,但程序未能实现题目所要求的功能。C 语言规定,在 if 和 else 后面可以只含一个内嵌的操作语句,也可以有多个操作语句,此时应用花括号"{}"将几个语句括起来成为一个复合语句。本程序要求将小数放在 a 中,大数放在 b 中,因此当 a 大于 b 时,应将 a,b 的值互换。将 a,b 的值互换的方法很多,其中最常用的方法就是借助第 3 个变量(这里是变量 t),程序中的语句(1),(2),(3)的功能就是借助变量 t 实现将 a 与 b 的值互换,而这 3 个语句都应该是嵌在 if 语句中的,所以应该用"{}"将这 3 个语句括起来。

④ if 语句丢失了分号。

例如,以下程序的功能是将 a 和 b 从小到大输出。

```
#include <stdio.h>
void main()
{
    int a,b;
    scanf("%d%d",&a,&b);
    if(a>b)
        printf("%d,%d\n",b,a)//(1)语句末尾应加上分号
    else
        printf("%d,%d\n",a,b);
}
```

【分析】本题编译报错信息:Statement missing;in function main,报错位置在 else 处,C 语言规定,分号";"是语句的组成部分,所以程序(1)处的语句少了";"。

⑤ if 语句多加了分号。

例如,以下程序的功能是将 a 和 b 从小到大输出。

```
#include <stdio.h>
void main()
{
    int a,b;
    scanf("%d%d",&a,&b);
    if(a>b);    //  (1)  改为if(a>b)
        printf("%d,%d\n",b,a);
    else
        printf("%d,%d\n",a,b);
}
```

【分析】本题编译报错信息：Misplaced else in function main，报错位置在 else 处，这表明 else 找不到对应的 if 结合了，而程序的语句(1)处明明有 if，它为什么还要报错呢？问题出在语句(1)处的分号“;”上。C 语言语法规定，if 后的表达式不应有分号，所以将语句(1)处的分号去掉即可。

⑥ switch 语句中漏写了 break 语句。

例如，以下程序的功能是根据考试成绩的等级打印百分制数段。

```
#include <stdio.h>
void main()
{
    char grade ;
    scanf("%c",&grade);
    switch(grade)
    {
        case 'A': printf("90-100\n");/*(1)语句末尾增加"break;"语句*/
        case 'B' : printf("80-89\n");/*(2)语句末尾增加"break;"语句*/
        case 'C': printf("70-79\n"); /*(3)语句末尾增加"break;"语句*/
        case 'D': printf("60-69\n"); /*(4)语句末尾增加"break;"语句*/
        case 'E': printf("<60\n");   /*(5)语句末尾增加"break;"语句*/
        default: printf("error\n");
    }
}
```

【分析】本题编译不报错，但在运行时若输入字母 D，程序除了打印“60—69”外，还换行打印“<60”和“error”，此时结果显然不正确。这是因为 switch 语句的执行流程为：首先计算紧跟 switch 后面的表达式的值，当该表达式的值与某一 case 后面的常量表达式的值相等时，就执行此 case 后面的语句体并将流程转移到下一个 case 继续执行，直至 switch 语句结束；用户可用 break 语句终止 switch 语句的执行。因此，本题应在每个 case 语句的后面加上 break 语句。

⑦ 搞错了 if 和 else 的配对关系。

例如，以下程序的功能是输出 3 个数中最大的数。

```
#include <stdio.h>
void main()
{
    int a=5,b=8,c=3,max;
    max=a;
    if (c>b)      //(1)
        if (c>a)      //(2)
            max=c;    //(3)应将语句(2)与(3)用花括号括起来
        else if (b>a)//(4)
            max=b;
    printf("max=%d\n",max);
}
```

【分析】本题编译不报错，但运行结果为：max = 5，结果不正确。这是因为本程序中出现了 if 语句的嵌套，编程者将 if 和 else 的配对关系搞错了，认为程序中(4)的 else 应和程序(1)的 if 配套，但实际上 else 总是与它上面的最近未配对过的 if 配对，所以程序中(4)的 else 是与程序中(2)的 if 配对的，故此程序的原本功能就不能实现了。为了正确地实现程序的功能，可将(2)和(3)两行的程序用一对花括号括起来，这样程序中(4)的 else 就和程序中(1)的 if 配套了，程序的运行结果就变为：max = 8，结果正确。

⑧ 试图在 case 后面用关系表达式。

例如,以下程序的功能是计算分段函数:

$$y=\begin{cases}1 & x>0\\ 0 & x=0\\ -1 & x<0\end{cases}$$

```
#include <stdio.h>
void main()
{
    int x, y;
    scanf("%d",&x);
    switch(x)
    {
        case x>0 : y=1; break;
        case x==0: y=0; break;
        case x<0 : y=-1;break;
    }
    printf("y=%d\n",y);
}
```

【分析】本题编译报错(其中一个错误信息为:Constant expression required in function main)。C 语言规定,case 后的表达式必须是常量或常量表达式;执行 switch 语句时,C 语言只是将 switch 后面的表达式与 case 后的常量做值比较。因此,case 之后不能使用关系、逻辑表达式,所以该题不该用 switch 语句编程,而应该用 if 语句实现。

2.4 实验四　循环结构程序设计

(1)实验目的

① 熟悉用 while 语句,do-while 语句和 for 语句实现循环的方法。

② 掌握在程序设计中用循环的方法实现各种算法(如穷举、迭代、递推等)。

③ 掌握 continue 语句和 break 语句的使用。

④ 熟练掌握循环结构的嵌套。

⑤ 练习调试与修改程序。

(2)实验准备

① 复习 while 语句,do-while 语句和 for 语句的特点和适用条件。

② 复习 continue 语句和 break 语句的区别。

③ 源程序。

(3)实验步骤及内容

① 以下程序是用来计算 S=1+2+3+…+10,请更正下列程序的错误,并上机调试。

```
#include <stdio.h>
void main()
{
    int i=1;
    while(i<10)
    sum+=i;
    ++i;
    printf("sum=%d\n",sum);
}
```

②

```
#include <stdio.h>
void main()
{
    int i=sum=0;
    do{
        sum+=i;
        ++i;
    }while(i<10)
    printf("sum=%d\n",sum);
}
```

③

```
#include <stdio.h>
void main()
{
    int i=sum=0;
    do{
        sum+=i;
        ++i;
    }while(i<10)
    printf("sum=%d\n",sum);
}
```

④ 输入并运行下面的程序,观察程序的运行结果。

```
#include <stdio.h>
void main()
{
    int n;
    while (1)
    {
        printf("Enter a number:");
        scanf("%d",&n);
        if (n%2==1)
        {
            printf("I said");
            continue;
        }
        break;
    }
    printf("Thanks. I needed that!");
}
```

(4)实验报告

① 源程序。

② 错误原因及其修改记录。

③ 实验结果记录。

④ 实验体会。

(5)常见错误分析

① while 循环的循环体有多条语句时,未用复合语句。

例如,以下程序的功能是求 1+2+3+……+100。

```
#include <stdio.h>
void main()
{
    int i, sum=0, i=1;
    while(i<=100)
        sum=sum+i, //(1)
        i++;       //(2)应将预计(1)与(2)用花括号括起来
    printf("sum=%d\n",sum);
}
```

【分析】本题目不报错,但运行时出现死循环,这是因为C语言规定:循环体如果包含一个以上的语句,应该用花括号括起来,以复合语句形式出现。如果不加花括号,则 while 语句的范围只到 while 后第一个分号处,所以本程序的循环体就只有语句(1)一条语句,且循环体中没有使循环趋向于结束的语句,在循环执行过程中 i 的值永远为 1,循环条件永远成立,这就出现了死循环。本题应该用花括号将语句(1)和(2)括起来作为循环体,在程序的运行过程中如果出现死循环可用 ctrl+break 组合键终止。

② while 循环的条件表达式后面加了分号。

例如,以下程序的功能求 n!

```
#include <stdio.h>
void main()
{
    int n,i;long t=1;
    scanf("%d",&n);i=1;
    while(i<=n);//(1)去掉该行末尾的分号
    {
        t=t*i;
        i++;
    }
    printf("t=%ld\n",t);
}
```

【分析】本题目编译不报错,但运行时输入任何一个大于或等于 1 的数均出现死循环。这是由语句(1)的分号造成的,C 语言的语法规定:"while(表达式)"的后面不可以是一条空语句,否则会出现死循环。本程序将语句(1)的分号去掉即可避免死循环。

③ do-while 循环的循环体有多条语句时未用复合语句。

例如,以下程序的功能是求 1+2+3……+100。

```
#include <stdio.h>
void main()
{
    int i,sum=0;i=1;
    do
        sum=sum+i; // (1)
        i++; // (2) 应将语句 (1) 和 (2) 用花括号括起来
    while (i<=100);
    printf("sum=%d\n",sum);
}
```

【分析】本题编译报错信息为:Do statement must have while in function main,报错位置在语句(2)。这是因为C语言规定:循环体如果包含一个以上的语句,应该用花括号括起来,以复合语句形式出现。如果不加花括号,则将do后面的语句(1)当成循环体,按照语法在语句(1)后面就该有“while(表达式)”出现。但本程序却不是这样,所以报错了,此事只要用花括号将语句(1)和(2)括起来即可。

④ for循环中,将分号错用成了逗号。

例如,以下程序的功能是求n!

```
#include <stdio.h>
void main()
{
    int n,i;long t=1;
    scanf("%d",&n);
    for(i=1,i<=n,i++)//(1)改为for(i=1;i<=n;i++)
        t=t*i;
    printf("t=%ld\n",t);
}
```

【分析】本题编译报错信息位置在语句(1)。C语言语法规定:for语句的一般形式为“for(表达式1;表达式2;表达式3) 循环体语句”,其中表达式1、表达式2后面跟分号。而本程序中语句(1)表达式1和表达式2后面跟了逗号,所以错了,应将两个逗号都改成分号。

⑤ for循环中少了分号。

例如,以下程序的功能是求n!

```
#include <stdio.h>
void main()
{
    int n,i;
    long t=1;
    scanf("%d",&n);
    i=1;
    for(i<=n;i++)//(1)改为for(;i<=n;i++)
        t=t*i;
    printf("t=%ld\n",t);
}
```

【分析】本题编译报错信息位置在语句(1)。C语言语法规定:for语句的一般形式为“for(表达式1;表达式2;表达式3) 循环体语句”,其中表达式1、表达式2、表达式3均可以省略或省略其中的任意一两个,但表达式1和表达式2后面的分号不能省略。所以本程序应在语句(1)的“i<=n”前加上分号,这样就能明确省略的是表达式1了。

⑥ for循环中多加了分号。

例如,以下程序的功能是求n!

```
#include <stdio.h>
void main()
{
    int n,i;
    long t=1;
    scanf("%d",&n);
    for(i=1;i<=n;i++);//(1)将该行末尾的分号去掉
        t=t*i;          //(2)
    printf("t=%ld\n",t);
}
```

【分析】本题编译不报错,但运行时输入5,运行结果却为t=6。显然结果不对,这种错误结果是由语句(1)的分号造成的。C语言中单独一个分号代表空语句,这样一来本程序中for循环体就是一条空语句,所以语句(1)执行完后i的值为6,这样执行语句(2)就得得到t的值为6。所以本程序应将语句(1)的分号去掉,这样语句(2)就成了for循环的循环体。

2.5　实验五　数组

(1)实验目的

① 掌握一维数组和二维数组的定义、赋值和输入输出的方法。

② 掌握字符数组和字符串函数的使用。

③ 掌握与数组有关的算法(特别是排序算法)。

(2)实验准备

① 复习数组的基本知识。

② 复习字符串数组的特点和常用的字符串处理函数。

③ 源程序。

(3)实验步骤及内容

编写下列问题的源程序并上机调试运行。

① 用选择法对10个整数排序(10个整数用scanf函数输入)。

② 有15个数存放在一个数组中,输入一个数,要求用折半查找法找出该数是数组中第几个元素的值。如果该数不在数组中,则输出“无此数”。15个数用赋初值的方法在程序中给出。要找的数用scanf函数输入。

③ 将两个字符串连接起来,不要用strcat函数。

④ 找出一个二维数组的“鞍点”,即该位置上的元素在该行上最大,在该列上最小。也可能没有鞍点。此二维数组可以设定如下,其中,数组元素的值用赋初值方法在程序中指定。

```
9    80   205  40
90   -60  96   1
210  -3   101  89
```

(4)实验报告

① 源程序。

② 错误原因及其修改记录。

③ 实验结果记录。

④ 实验体会。

(5)常见错误

① 越界访问数组。

例如,将数组中的数据逆序存放后输出。

```
#include <stdio.h>
#define n 5
void main()
{
    int a[n]={1,2,3,4,5},i,j,t;
    i=0;
    j=n; //(1)正确的应为：j=n-1;
    while(i<j)
    {
        t=a[i];a[i]=a[j];a[j]=t;
        i++;j--;
    }
    for(i=0;i<n;i++)
    printf("%3d",a[i]);
}
```

【分析】本题中数组 a 中含有 n 个元素,但下标是 0 到 n-1,而初学者常常会将最后一个元素的下标错写成 n。由于 C 语言编译系统对数组越界访问不报错,所以本题的输出结果是“1 5 4 3 2”,而不是“5 4 3 2 1”。正确的做法是将语句(1)j = n;改为 j = n-1;

② 没有加字符'\0',就把多个字符当作字符串输出。

例如,将任意读入的十进制数转换成十六进制序列后输出。

```
#include<stdio.h>
void main()
{
    char a[20],t; int x,r,i=0,j,k;
    scanf("%d",&x);
    if(x<0) {print("-"); x=-x;}
    do
    {
        r=x%16;
        if(r>=10)
            a[i]=r+'A'-10;
        else
            a[i]=r+'0';
        x=x/16;
        i++;
    }while(x!=0)
    for(j=0,k=i-1;j<k;j++,k--)//将存放在数组a中的余数逆序存放
    {
        t=a[j];
        a[j]=a[k];
        a[k]=t;
    }
    puts(a);//(1)此句之前加"a[i]='\0';",使a中放的是字符串
}
```

【分析】puts 函数是专门用来输出字符串的,而程序在产生了 i 个余数并存放到数组 a 的 a[0]~a[i-1]元素中后,由于 a[i]~a[19]元素都是不确定值,因此,本程序在执行后除了输出十六进制字符序列外,还会多输出一些未知字符。正确的做法是:本程序在语句(1)前加 a[i] =' \0';,之后再用 puts 输出该余数序列字符串。

③ 给数组名直接赋值。

例如:

```
#include <stdio.h>
void main()
{
    char str[20];
    str = "Hello";//(1)
    puts(str);
}
```

【分析】本题编译时报错:Lvalue required in function main,语句(1)有错,数组名是地址常量,而常量不可以出现在赋值号的左边。正确的改法如下:

【方法 1】

```
#include <stdio.h>
void main()
{
    char str[20]="Hello"; //定义的同时赋值
    puts(str);
}
```

【方法 2】

```
#include<stdio.h>
#include<string.h>
void main()
{
    char str[20];
    strcpy(str,"Hello");//定义之后用strcpy函数将字符串赋值给数组
    puts(str);
}
```

2.6 实验六 函数

(1)实验目的

① 掌握定义函数的方法。

② 掌握函数实参与形参的对应关系,以及“值传递”的方式。

③ 掌握函数的嵌套调用和递归调用的方法。

④ 掌握全局变量、局部变量、动态变量和静态变量的概念和使用方法。

⑤ 理解和掌握多模块的程序设计与调试的方法。

(2)实验准备

① 复习函数调用的基本理论知识。

② 复习函数的嵌套调用和递归调用的方法。

③ 复习全局变量、局部变量;静态变量、动态变量;外部变量等概念和具体使用。

④ 源程序。

(3)实验步骤及内容

① 写一函数,求一个字符串的长度。

要求:

- 本部分习题要求全部用指针完成。

- 在 main 函数中输入字符串,并输出其长度。
- 本题不能使用 strlen( ) 函数。

② 编写一个函数,将数组中 n 个数按反序存放。

要求:

- 在主函数中输入 10 个数,并输出排好序的数。
- 编写函数 invert( ) 将 10 个数按反序存放。

③ 设一个函数,调用它时,每次实现不同的功能:

- 求两个数之和;
- 求两个数之差;
- 求两个数之积。

要求:

- 在主函数中输入 2 个数 a,b,并输出 a,b 的和、差和乘积。
- 分别编写函数 add( ) 、sub( ) 、mul( ) 计算两个数的和、差、积。
- 编写函数 process( ) ,分别调用函数 add( ) 、sub( ) 、mul( ) 。

(4) 实验报告

① 源程序。

② 错误原因及其修改记录。

③ 实验结果记录。

④ 实验体会。

(5) 常见错误

① 函数首部多加了分号。

例如,以下程序的功能是求两个数中较大的数。

```
#include <stdio.h>
max (int x,int y);/*(1)去掉本行末尾的分号*/
{
    int z;  //(2)
    if(x>y) z=x;
    else z=y;
    return z;
}
void main()
{
    int a,b,c;
    scanf("%d %d",&a,&b);
    c=max(a,b);
    printf("max=%d\n",c);
}
```

【分析】本题编译报错信息为:declaration syntax error,报错位置在语句(2),这是由语句(1)的分号造成的。C 语言规定,函数首尾不能加分号,所以将语句(1)的分号去掉即可。

② 局部变量和形式参数同名。

例如,以下程序的功能是求两个整数之和。

```
#include <stdio.h>
add(int x,int y)
{
    int x,y,z;
    z=x+y;
    return z;
}
void main()
{
    int a,b,c;
    scanf("%d%d",&a,&b);
    c=add(a, b);/*(1)改为int z;*/
    printf("add=%d\n",c);
}
```

【分析】本题编译报错(其中一条错误信息为:redeclaration of ‘x’ in function add),报错位置在程序(1)。这是因为 x,y 已经作为形式参数应在函数首部定义过了,而这里却重复定义。C 语言规定:形式参数在函数体外(函数首部)定义,局部变量应在函数体内定义,所以应将函数 add()的 x,y 定义去掉,保留 z 的定义。

③ 函数调用时,在实参前多加了类型符。

例如,以下程序的功能是求两个整数之和。

```
#include <stdio.h>
add(int x,int y)
{
    int z;
    z=x+y;
    return z;

}
void main()
{
    int a,b,c;
    scanf("%d%d",&a,&b);
    c=add(int a,int b); //(1)改为c=add(a,b);
    printf("add=%d\n",c);}
}
```

【分析】本题编译报错(其中一条错误信息为:expression syntax in function main),出错位置在程序(1)。C 语言函数调用形式为“函数名(实参表)”,实参表中只需给出具体实参即可,不要给出实参的类型。因此程序(1)的实参类型 int 是多余的,应改为 c = add(a,b);。

④ 在主调函数中缺少对被调函数的声明。

例如,以下程序的功能是求两个实数之和。

```
#include <stdio.h>
void main()
{
    float a ,b,c;//(1)增加对被调函数的声明float add (float x,float y);
    scanf("%f%f",&a,&b);
    c=add(a,b);
    printf("add=%f\n",c);
}
float add (float x,float y)
{
    float z; //(2)
    z=x+y;
    return z;
}
```

【分析】本题编译报错(错误信息为:type mismatch in redeclaration of´add´),出错位置在程序(2)。C语言规定:在主调函数中一般要对被调函数予以说明(如果被调函数是整型、字符型或被调函数在主调函数之前定义,则可不需说明),本题add函数是float型,又在main函数之后定义,所以应在程序(1)增加对add函数的声明。

⑤ 函数的实参和形参个数不一致。

例如,以下程序的功能是求3个数中较大的数。

```
#include <stdio.h>
void main()
{
     float a ,b,c, maxnum;
     float max(float x,float y);
     scanf("%f%f%f",&a,&b,&c);
     maxnum=max(a,b,c); //(1)改为maxnum=max (a,b);
     printf("max=%f\n",maxnum);
}
float max (float x,float y)
{
     float z;
     if(x>y) z=x;
     else z=y
     return z;
}
```

【分析】本题编译报错(错误信息为;extra parameter in call to max in function main),出错位置在程序(1)。这里引起错误的原因是实参和形参个数不一致。C语言要求在执行函数调用时,实参和形参必须一一对应。而本程序中形参只有2个(x和y),实参却有3个(a,b,c),所以出错了,应将语句(1)改为 maxnum = max (a,b);,但这样就不能求3个数中较大的数了。为了实现题目的功能,还应在语句(1)后面增加一条语句 maxnum = max(maxnum,c);。

⑥ 在类型为void的函数中使用return语句。

例如,以下程序的功能是求n!

```
#include <stdio.h>
Void fac(int n)//(1)改为long fac(int n)
{
    int i; long f=1;
    for (i=1;i<=n;i++)
         f=f*i;
    return f;   //  (2)
}
void main()
{
    int n;
    scanf("%d",&n);
    printf("%1d\n",fac(n));
}
```

【分析】本题编译报错(其中一条错误信息为:Void function may not return a value in function fac),出错位置在程序(2)。这是因为程序中将fac函数定义成了void(无返回值)类型,而fac函数体中又用了return来返回函数值,这是矛盾的。因此,应将程序(1)的void改成long。

⑦ 数组名作为实参时,多加了方括号。

例如,以下程序实现字符串拷贝功能。

```
#include <stdio.h>
void copy_string(char from[], char to[])
{
    int j=0;
    while (from[j]!='\0')
    {
        to[j]=from[j];
        j++;
    }
    to[j]='\0';
}
void main()
{
    char a[]="I am teacher";
    char b[]="You are a student";
    copy_string(a[],b[]);//(1)改为copy_string(a,b);
    puts(b);
}
```

【分析】本程序编译报错信息为:Expression syntax in function main,出错位置在程序(1)。在 C 语言程序中,数组名有特定的定义,它代表数组在内存中所占存储单元的首地址。在用数组名作为实参调用函数时,只要直接写出数组名即可,不要带方括号或下标,所以本程序只要将语句(1)改为 copy_string(a,b);就可以了。

2.7 实验七　指针

(1)实验目的

① 熟练掌握指针、地址、指针类型、void 指针、空指针等概念。

② 熟练掌握指针变量的定义和初始化、指针的间接访问、指针的加减运算和指针表达式。

③ 会使用数组的指针和指向数组的指针变量。

④ 会使用字符串的指针和指向字符串的指针变量。

(2)实验准备

① 复习变量、变量的地址、指针变量的概念并且明确的区分这三个不同概念。

② 复习指针和数组的结合运用。

③ 复习指针的其他理论知识。

④ 源程序。

(3)实验步骤及内容

① 阅读程序,分析可能产生的结果,并在机器上运行。

```
#include <stdio.h>
void main()
{
    int i,*p;
```

```
    p=&i;
    *p=5;
    printf("%d\n",i);
    printf("%d\n",*p);
    printf("%d\n",p);
    printf("%d\n",&i);
}
```

② 用指针对 n 个整数进行排序,并将结果顺序输出。要求排序用一个函数实现,主函数只输入 n 个整数和输出已排序的 n 个整数。

③ 编写一个函数 alloc(n),用来在内存新开辟一个连续的空间(n 个字节)。再写一个函数 free(p),将以地址 p 开始的各单元释放。主程序输入 10 个不等长的大写字符串,每输入一个字符串,应放在新申请的一片连续的空间。该字符串反序输出后,释放它所占用的空间。

(4)实验报告

① 回答变量、变量的地址、指针变量的区别。

② 源程序。

③ 错误原因及其修改记录。

④ 实验结果记录。

⑤ 实验体会。

(5)常见错误

① 在定义多个指针量时,只在第一个变量名前使用 * 。

例如,

```
#include <stdio.h>
void main()
{
    int x,y;
    int *p,q;//(1)应该在q前也加上"*"
    p=&x;
    q=&y;//(2)
    scanf("%d%d",p,q);
    printf("x=%d,y=%d\n",*p,*q);
}
```

【分析】本题编译时发出一个警告"Non-portable pointer assignment in function"和一个错"Invalid indirection in function main",语句(1)实际上将变量 q 定义成了普通整型变量,因而在执行语句(2)时会报错,正确的改法应是:将 int * p,q;改成 int * p,* q;(即在 q 前也加上" * ")。

② 已经是指向变量的指针了,却仍在 scanf 函数中加"取地址符 &"。

例如,练习使用指针变量,任意读入一个整数后,输出该整数。

```
#include <stdio.h>
void main()
{
    int x,*p;
    p=&x;
    scanf("%d",&p);//(1)正确为: scanf("%d",p);或scanf("%d",&x);
    printf("%d\n",*p);
}
```

【分析】本题本意是将读入的整数值存放到变量 x 中，然后输出 x。但由于读入语句中写的是“&p”，而不是“&x”，读入的整数存放到了变量 p 中，所以编译不报错而输出的是“ * p”，即 x，是一个不确定的数。正确的改法是将 p 前面的“&”去掉。

③ 指针变量没有合法空间，就被使用了。

例如，任意读入一个字符串后输出。

```
#include <stdio.h>
void main()
{
    char *p;
    gets(p);
    puts(p);
}
```

【分析】本题编译会显示警告：Possible use of ‘p’ before definition in function main。在 C 语言中，变量在定义后若没有赋值，则赋予一个不确定的值。对于指针变量 p，其中的地址值是不确定的，就意味着指向一个未知空间，本题中 gets 语句就将读入的字符串存放到了这个未知空间，若该空间中原先存放着重要数据，就会被覆盖，严重的会造成机器故障。正确的做法是：

```
#include <stdio.h>
void main()
{
    char *p, a[20];
    p=a; // 先让p获得合法的地址
    gets(p);
    puts(p);
}
```

④ 用指针访问数组时越界。

例如，任意读入 10 个整数，然后依次将其输出。

```
#include<stdio.h>
#define N 10
void main()
{
    int a[N],k;
    int *p;
    p=a;
    for(k=0;k<N;k++)
        scanf("%d",p++);
    for(k=0;k<N;k++)//(1)应改为: for(p=a,k=0;k<N;k++)
        printf("%d\n",*p++);
}
```

【分析】本题编译正确，只是执行时输入的 10 个数存放到 a[0]到 a[9]中，输出的却不是这 10 个数，而是其后的所谓 a[10]到 a[19]中的不确定值，这是因为在执行完第一个循环语句后 p 已指在 a[9]之后。正确的改法是：在语句(1)即第二个 for 循环语句的“表达式 1”位置处加入 p=a;语句，使得 p 重新指向数组的第一个元素。

⑤ 地址传递时，实参数组被写成“数组名[ ]”形式。

例如，任意读入 10 个整数，调用子函数求得它们的平均数。

```
#include<stdio.h>
float ave(int p[],int n)//系统将p处理成相应的指针变量，即int *p
{
    int i; float s=0;
    for(i=0;i<n;i++)
        s=s+*(p+i);
    return (s/n);
}
void main()
{
    int a[10],i; float av;
    for(i=0;i<10;i++)
        scanf("%d",&a[i]);
    av=ave(a[],10);//(1)正确为：av=ave(a,10);或av=ave(&a[0],10);
    printf("%f\n",av);
}
```

【分析】本题编译报错信息为：Expression syntax in function main，错误出在语句(1)上。这是初学者常犯的错误，数组作实参时，一般采用地址传递方式，以便借助形参指针在被调用函数中处理其所有元素。此时通常应传递数组的首地址，而数组名就是数组的首地址，所以正确的改法应将语句 av = ave(a[],10);中的“[ ]”去掉，而“数组名[ ]”的格式只能在以下两处出现：

(a)定义数组的同时给所有元素初始化。

例如，int s[] = {1,2,3,4,5};它等价于 int s[5] = {1,2,3,4,5};

(b)形参定义处，如本题子函数的头部 float ave(int p[],int n)。

本题错误处还有一种常见错误写法 av = ave(a[10],10);此时编译报错信息为：Non-portable portable pointer conversion in function main，“a[10]”的写法只能出现在数组定义时，表示数组 a 含有 10 个元素，而定义后再书写成“a[N]”形式，则表示对数组的第 N+1 个元素的引用，而“a[10]”就已是越界访问数组 a 了。

2.8　实验八　结构体、共用体、枚举及用户定义类型

(1)实验目的

① 掌握结构体类型变量的定义和使用。

② 掌握结构体类型数组的概念和应用。

③ 掌握共用体的概念和使用。

④ 了解链表的概念，初步学会对链表进行操作。

(2)实验准备

① 复习结构体的概念和定义方法。

② 复习共用体的概念和定义方法。

③ 源程序。

(3)实验步骤及内容

① 程序改错

```
#include <stdio.h>
typedef union{
    long x[2];
    int y[4];
    char z[8];
} MYTYPE;
typedef union them;
main()
{
    printf("%d",sizeof(them));
}
```

② 有 5 个学生,每个学生的数据包括学号、姓名、三门课成绩,从键盘输入 5 个学生数据,要求打印出三门课总平均成绩,以及最高分的学生的数据(包括学号、姓名、三门课成绩、平均成绩)。

要求:用一个 input 函数输入 5 个学生数据;用一个 average 函数求总平均分;用 max 函数找出最高分学生数据;总平均分和最高分的学生的数据都在主函数中输出。

③ 输入和运行以下程序:

```
#include <stdio.h>
union data
{
    int i[2];
    float a;
    long b;
    char c[4];
};
void main()
{
    union data u;
    scanf("%d,%d",&u.i[0],&u.i[1]);
    printf("i[0]=%d,i[1]=%d\na=%f\nb=%ld\nc[0]=%c,
    c[1]=%c,c[2]=%c,c[3]=%c\n",u.i[0],u.i[1],u.a,
    u.b,u.c[0],u.c[1],u.c[2],u.c[3]);
}
```

输入两个整数 10000、20000 给 u. i[0]和 u. i[1]。分析运行结果。

然后将 scanf 语句改成:scanf("%ld",&u. b);输入 60000 给 b。分析运行结果。

④ 三个人围成一圈,从第一个人开始顺序报号 1,2,3。凡报到"3"者退出圈子,找出最后流在圈子中的人原来的序号。

⑤ 建立一个链表,每个结点包括:学号,姓名,性别,年龄。输入一个年龄,如果链表中的结点所包含的年龄等于此年龄,则将此结点删去。

⑥ 根据下列程序段回答问题:

```
struct data
{
    int i;
    char ch;
    float f;
}a;
```

```
union data
{
    int i;
    char ch;
    float f;
}b;
```

结构体变量 a 和共用体变量 b 所占用的字节数各是多少?

(4)实验报告

① 源程序。

② 错误原因及其修改记录。

③ 实验结果记录。

④ 实验体会。

(5)常见错误分析

① 定义结构体、共用体或枚举型时,在"}"后漏写了分号。

例如,

```
#include<stdio.h>
void main()
{
    struct STD
    {
        char name[20];
        int age;
    }/*此处应加上分号作为结束*/
    int n=2;
    struct STD x={"ZS",19};
    printf("%s\n%\n",x,name,x,age+n);
}
```

【分析】C 语言规定,在定义结构体、共用体或枚举型时要用分号结束。否则编译会报错:"Too many types in declaration in fuction main"。

② 定义枚举类型时,在枚举类型后多加了赋值号"="。

例如,

```
#include<stdio.h>
void main()
{
    enum week={Sun, Mon, Tue, Wed, Thu, Fri, Sat};//(1) 应将此句中的"="去掉
    enum week x[7]={Sun, Mon, Tue, Wed, Thu, Fri, Sat};
    int i;
    printf("%d\n",x[i]);
    enum week={Sun, Mon, Tue, Wed, Thu, Fri ,Sat};//(1) 应将此句中的"="去掉
    enum week x[7]={Sun, Mon, Tue, Wed, Thu, Fri, Sat};
    int i;
    printf("%d\n",x[i]);
}
```

【分析】本题编译会报错:"Declaration syntax error in function main"以及由枚举型的错误定义引发的其他错误信息。初学者容易将定义枚举类型时标识符的列举与数组元素的初始化混淆,正确的改法是将语句(1)中的"="去掉。

③ 结构体类型定义时含有自身类型的成员。

例如,定义描述以下表格结构体的结构体类型:

```
#include <stdio.h>
void main()
{
    struct node
    {
        char num[12];
        char name[20];
        struct node addbook;//不能用正在定义的类型声明自身的成员
    }   x;
    puts(x,num);
    puts(x,name);
    puts(x.addbook.num);
    puts(x.addbook.name);
}
```

学号	姓名	联系方式	
		手机号	地址
201101007	ZhangSan	13052920309	Beijing WFJ501

【分析】本题编译时报错："Undefine structure 'node' in function main"和"Structure size too large in function main"。C 语言规定，若结构体还未定义完毕，在其中就用自身来定义自己的成员，那么这个成员必须是指针型的，否则是不允许的。正确的改法是：在结构体类型"struct node"之前再定义一个结构体类型"struct nd"，以便在"struct node"中用来定义其第三个成员。

```
#include<stdio.h>
void main()
{
    struct nd;
    {
        char num[12];
        char name[20];
    };
    struct node
    {
        char num[12];
        char name[20];
        struct nd addbook;
    }x={"201101007","ZhangSan","13052920309","Beijing WFJ501"};
    puts(x,num);
    puts(x,name);
    puts(x.addbook.num);
    puts(x.addbook.name);
}
```

④ 对结构体变量在定义之后整体赋值。

例如：

```
#include<stdio.h>
#include"string.h"
void main()
{
    struct node;
```

```
    {
        char bookname[20];
        float price;
    }x={"English",21.5},y;
    y={"English",21.5};//(1)定义之后，不能对结构体变量整体赋值
    printf("%-10s%-5.1f\n",x.bookname,x.price);
    printf("%-10s%-5.1f\n",y.bookname,y.price);
}
```

【分析】本题编译时报错："Expression syntax in function main"，问题出在语句(1)，C语言规定，定义结构体时可以给结构体变量整体赋值(即初始化)，一般情况下定义后只能引用结构体变量的各个成员；只有一种情况例外，即可以将某个已获得值的结构体类型变量的值整体赋值给相同类型的结构体类型变量。本题正确的改法是：

```
#include<stdio.h>
#include"string.h"
void main()
{
    struct node;
    {
        char bookname[20];
        float price;
    }x={"English",21.5},y;
    strcpy(y.bookname,"English");
    y.price=21.5; //定义之后，只能给结构体变量的每一个成员分别赋值
    printf("%-10s%-5.1f\n",x.bookname,x.price);
    printf("%-10s%-5.1f\n",y.bookname,y.price);
}
```

或：

```
#include<stdio.h>
#include"string.h"
void main()
{
    struct node;
    {
        char bookname[20];
        float price;
    }x={"English",21.5},y;
    y=x;//可将已获得值的结构体变量的值整体赋给相同类型的结构体变量
    printf("%-10s%-5.1f\n",x.bookname,x.price);
    printf("%-10s%-5.1f\n",y.bookname,y.price);
}
```

2.9　实验九　文件

(1)实验目的

① 掌握文件以及缓冲文件系统、文件指针的概念。

② 学会使用文件打开、关闭、读、写等文件操作函数。

③ 学会用缓冲文件系统对文件进行简单的操作。

④ 掌握文件建立的方法。

⑤ 掌握包含文件操作的程序设计和调试方法。

(2) 实验准备

① 复习文件的概念。

② 复习在 C 语言中对文件的使用。

③ 复习和文件操作有关的函数。

④ 源程序。

(3) 实验步骤及内容

① 程序填空。下面程序用来统计文件中字符的个数。

```
#include <stdio.h>
void main()
{
    FILE *fp;
    long num=0;
    if ((fp=fopen("fname.dat","r"))==NULL)
    {
        printbf("can't open file!\n");
        exit(0);
    }
    while __________
    {
        getc(fp);
        num++;
    }
    printf("num=%d\n",num);
    fclose(fp);
}
```

② 将文件中的数字加密后保存到另一个文件中。

```
#include <stdio.h>
void main()
{
    FILE *fp1,fp2
    char c1,c2;
    clrscr();
    fp1=fopen("prog1.txt","r");
    fp2=fopen("prog2.txt","w");
    while((c1=fgetc(fp1))!=EOF)
    {
        if (c1>='0'&&c1<='8')
        {
            c2=c1+1;
            fputc(c2,fp2);
        }
    }
    fclose(fp1);
    fclose(fp2);
}
```

如果 prog1. txt 中的内容是 34128967,那么文件 prog2. txt 中的内容为:________。

③ 编程

(a)有 5 个学生,每一个学生有 3 门课的成绩,从键盘输入数据(包括学号、姓名、三门课的成绩),计算出平均成绩,将原有数据和计算出的平均分数存放在磁盘文件“stud”中。

(b)将上题“stud”文件中的学生数据,按平均分进行排序处理,将已排序的学生数据存放入一个新文件“stud-sort”中。

(c)将上题已排序的学生成绩文件进行插入操作。插入一个学生的三门课成绩。程序先计算新插入学生的平均成绩,然后将它按成绩高低顺序插入,插入后建立一个新文件。

对上题的学生原有数据为:

20130234001　Wang　89,98,67.5

20130234003　Li　60,80,90

20130234006　Fun　75.5,91.5,99

20130234010　Ling　100,50,62.5

20130234013　Yuan　58,68,71

要插入的学生数据为:

20130234008　Xin　90,95,60

(d)从键盘输入一个字符串,将其中的小写字母全部转换成大写字母,然后输出到一个磁盘文件“test”中保存。输入的字符串以“!”结束。

(4)实验报告

① 源程序。

② 错误原因及其修改记录。

③ 实验结果记录。

④ 实验体会。

(5)常见错误分析

① 文件的读写操作与打开方式不相符合。

例如,将 1~10 的平方存放在当前盘当前路径下的 pf.txt 文件中,然后依次读出这 10 个平方数,并求出它们的和后,将和追加到 pf.txt 文件的末尾。

```
#include <stdio.h>
void main()
{
    FILE *fp; int I,x,s=0;
    fp=fopen("pf.txt","r");//(1)应以w+方式打开文件
    for(i=1;i<=10;i++)
    {
        printf("%-6d",i*i);
        fprintf(fp,"%-6d",i*i);
    }
    rewind(fp);
    for(i=1;i<=10;i++)
    {
        fscanf(fp,"%d",&x);
        s=s+x;
    }
    fclose(fp);
    fp=fopen("pf.txt","a");
    printf("\n%d\n",s);
    fprintf(fp,"\n%d\n",s);
    fclose(fp);
}
```

【分析】本题编译不报错,但执行时报错:“Null pointer assignment”,且无法将 10 个平方数存入数据文件中,因为语句(1)中使用“r”格式,只能以只读方式打开一个已经存在的文本文件,且只能从中读取数据,不能写入数据,正确的该法是:以“w+”方式打开文件,先写后读。

② 以“w+”方式打开文件,写完后,忘记用 rewind 将文件指针重新指向文件开始处就从中读取数据了,依然用上例。

```
#include<stdio.h>
void main()
{
    FILE *fp,int i,x,s=0;
    fp=fopen("D:\\my\\pf.txt","w+");
    for(i=1;i<=10;i++)
    {
        printf("%-6d",i*i);
        fprintf(fp,"%-6d",i*i);
    }//应在此处加一句：rewind(fp);
    for(i=1;i<=10;i++)
    {
        fscanf(fp,"%d",&x);
        s=s+x;
    }
    fclose(fp);
    fp=fopen("D:\\my\\pf.txt","a");
    printf("\n%d\n",s);
    fprintf(fp,"\n%d\n",s);
    fclose(fp);
}
```

【分析】本题编译不报错,但由于在将 1~10 的平方写入数据文件时,文件指针也跟着下移,接着执行读语句时指针继续下移,因此读的数据并不是前面的 10 个平方数。正确的改法是:在两个 for 循环语句之间加一句 rewind(fp);。

2.10　实验十　综合设计

(1)实验目的

综合运用所学知识,编写实用程序。

(2)实验准备

① 复习书中各章节内容。

② 源程序。

(3)实验步骤与要求

用结构体变量构成一简单的学生成绩处理表程序,每个学生数据包括学号、姓名和三门课的成绩,如下:

学号	姓名	数学	外语	计算机
201223010010	王陵	88	70	84
……				

要求:

- 程序的所有功能用菜单驱动。(列表菜单,用数字选择)

- 在 main 函数中输入学生数据。
- 在 count 函数中计算每个学生的平均成绩。
- 在 sort 函数中按学生的平均成绩排序。
- 在 put 函数中建立磁盘报表输出文件输出学生成绩。
- 写出实验报告(要求源程序清单、输入的数据清单、报表输出文件的数据清单)。
- 把所有函数做成一个磁盘文件,文件名为“xscjb. c”,可执行文件名为“xscjb. exe”,磁盘报表输出文件名为 file. txt。

(4)实验报告

① 源程序。

② 错误原因及其修改记录。

③ 实验结果记录。

④ 实验体会。

第3章　教材配套的习题解答

3.1　程序设计方法学

(1)【答】

程序是用来控制计算机操作的代码。程序设计语言是用来编写源程序的计算机语言。两者的关系:程序是符合程序设计语言语法规范的代码,程序设计语言是编写程序的语言工具。

(2)【答】

从学科定义来说,程序设计方法学的目标是能设计出可靠、高效、易读而且代价合理的程序。更通俗地说,程序设计方法学的最基本目标是通过对程序本质属性的研究,说明什么样的程序是一个“优秀”的程序,怎样才能设计出“优秀”的程序。其重要性是学会遵照程序设计的规范,领悟优秀程序的真正内容,提高编程的效率等。

(3)【答】

结构化程序设计方法是以模块和处理过程为主的设计基本原则。其主要观点是采用自顶向下、逐步求精的程序设计方法;采用三种基本控制结构构造程序,它们是顺序、选择、循环。

(4)【答】

面向对象程序设计是一种把面向对象的思想应用于软件开发过程中,指导开发活动的系统方法,是建立在“对象”概念基础上的程序设计方法学。

(5)【答】

结构化设计方法中,程序被划分成许多个模块,这些模块被组织成一个树型结构;并且数据和对数据的操作(函数或过程)是完全分离的。上层的模块需要调用下层的模块,所以这些上层的模块就依赖于下层的细节。与问题领域相关的抽象要依赖于与问题领域相关的细节,细节层次影响抽象层次。

而在面向对象程序设计中,倒转了这种依赖关系,创建的抽象不依赖于任何细节,而细节则高度依赖于上层的抽象;更为重要的是将数据与对数据的操作封装在一起构成一个整体。这种依赖关系的倒转正是面向对象程序设计和传统技术之间根本的差异,也正是面向对象程序设计思想的精髓之所在。

(6)【答】

结构化程序设计的基本过程主要包括:①分析问题。学会必须分析清楚问题的已知条件、所问的问题等,初步确定问题的解题思路和方法。②建立数学模型。从编程的角度,遵循编程思想,列出所有已知量,找出题目的求解目标,在对实际问题进行分析之后,找出它的内在规律,就可以建立相应的数学模型。③选择算法。必须选择合适的数据结构来设计解决问题的算法。④编写程序。把整个程序看作一个整体,先全局后局部,自顶向下。如果某些子问题的算法相同而仅参数不同,可以用函数或子程序来表示。⑤调试运行。⑥分析结果。⑦写出程序的文档。

3.2　算法——程序的关键

(1)【答】

① 思路如下:

- 读入两个数 a,b;
- 如果 a≤b;则输出 a,b;否则输出 b,a;
- 结束。

② 传统流程图

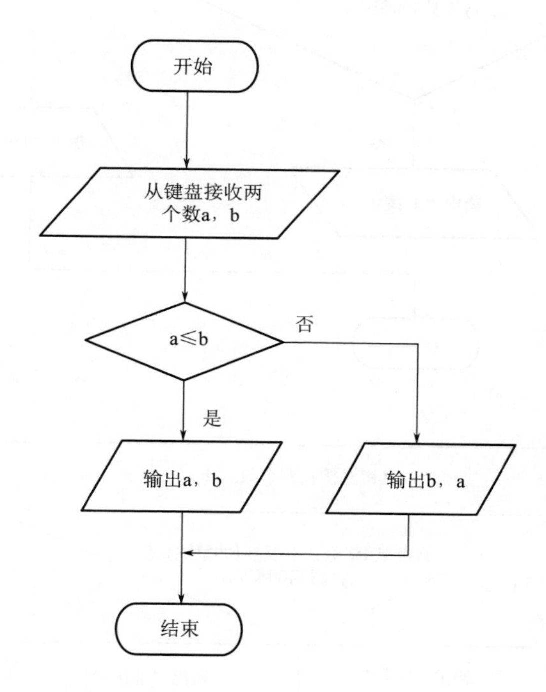

③ 和 N-S 流程图

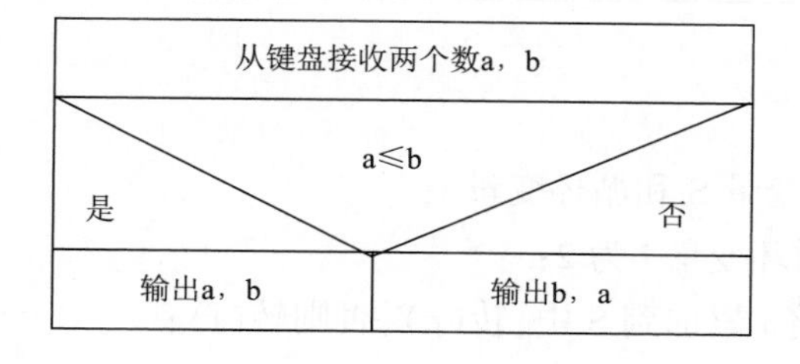

(2)【答】

① 思路如下:

- 读入一个整数 y;
- 如果 y 能被 4 整除且不能被 100 整除,或者 y 能被 400 整除,则输出“闰年”,否则输出“非闰年”;

- 结束。

② 传统流程图

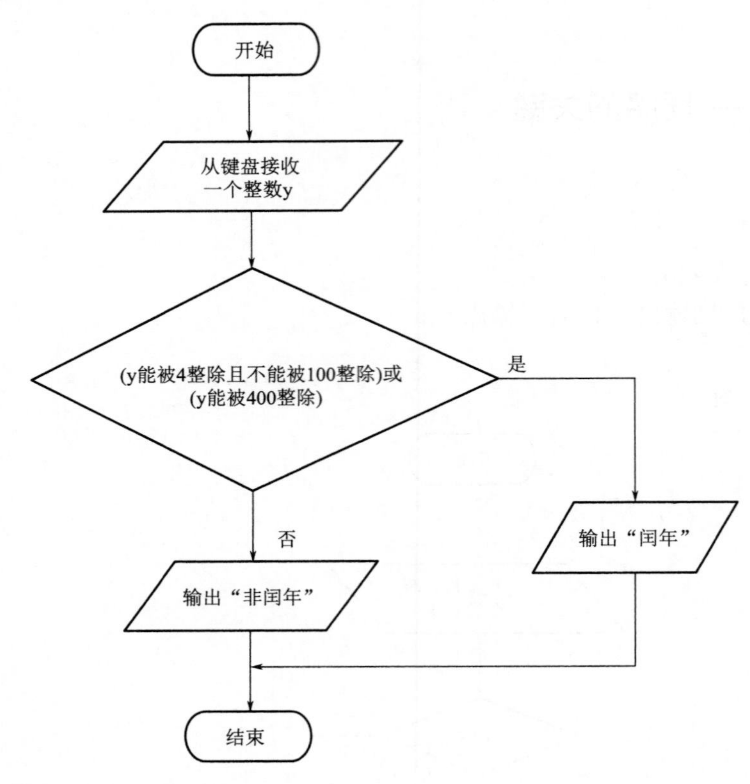

③ 和 N-S 流程图

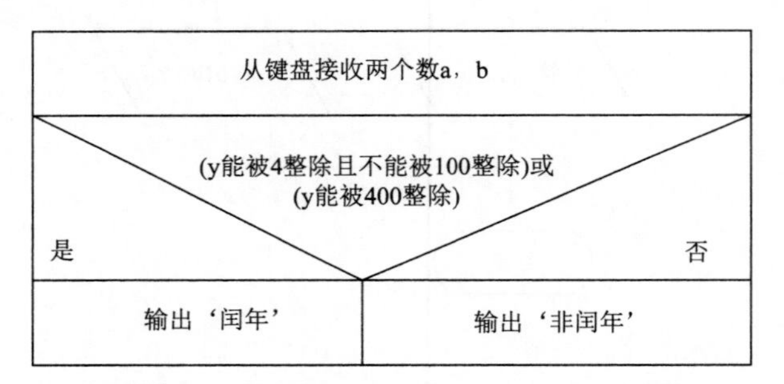

(3)【答】

① 思路如下：

(a)定义一个累计和变量 S 和循环变量 i；

(b)赋初值 S 为 0,循环变量 i 为 2；

(c)如果 i≤100,则将 i 累加到 S 中,转(c),否则转(f)；

(d)将 i 加 2,赋值给 i；

(e)转(c)；

(f)输出 S；

(g)结束

② 传统流程图

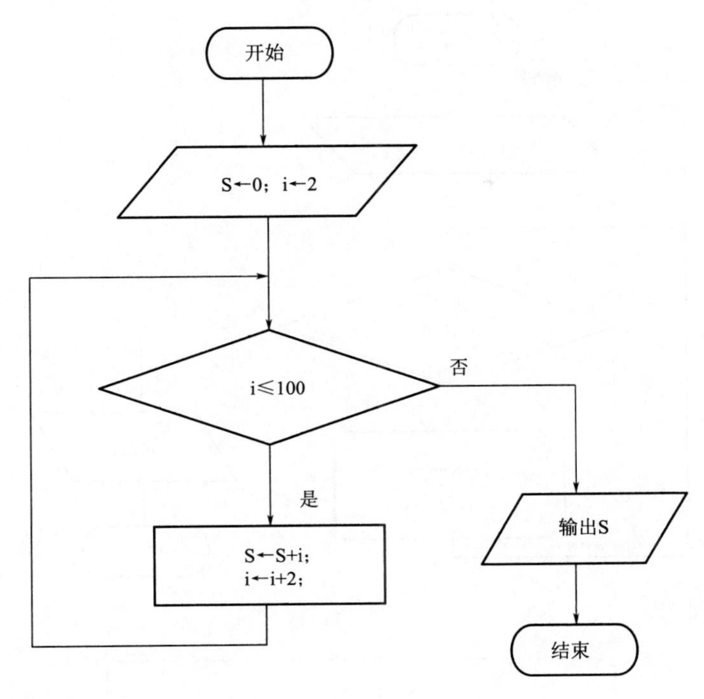

③ 和 N-S 流程图

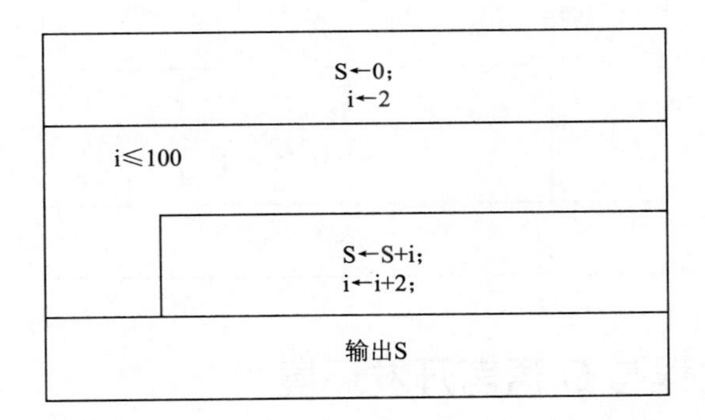

(4)【答】

① 思路如下：

(a)定义一个累计和变量 S、循环变量 i 和符号位 f;

(b)赋初值 S 为 0,循环变量 i 为 1,符号位 f 为 1;

(c)如果 i≤100,则将$\frac{f}{i}$累加到 S 中,转(c),否则转(f);

(d)将 i 加 1 赋值给 i,将 f 乘以-1 赋值给 f;

(e)转(c);

(f)输出 S;

(g)结束

② 传统流程图

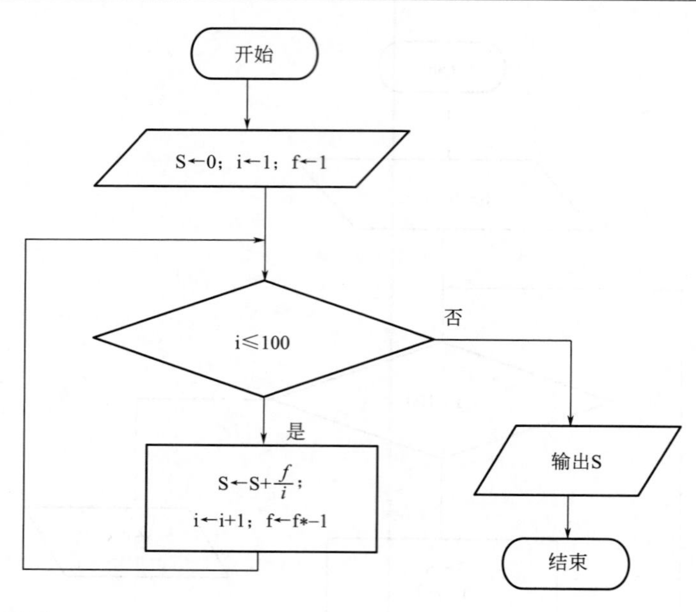

③ 和 N-S 流程图

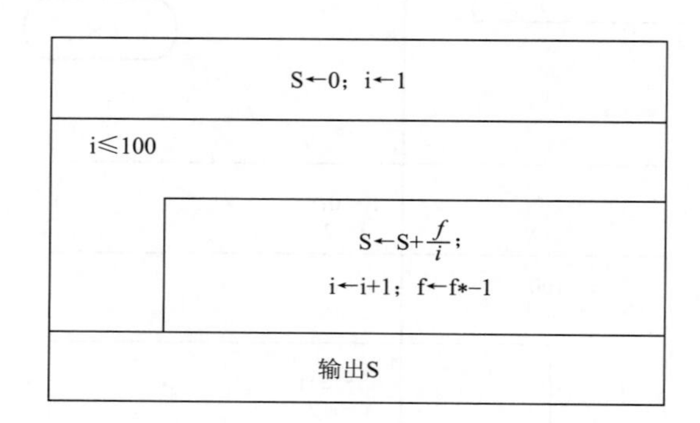

3.3　程序设计过程与 C 语言开发环境

(1)【答】

由于 C 语言是一种编译型的高级计算机语言,描述解决问题算法的 C 语言源程序文件约定的扩展名为[.C]。写好源程序后,首先必须用相应的 C 语言编译程序编译,编译成功后形成相应的中间目标程序文件([.OBJ]),然后再用链接程序将该中间目标程序文件与有关的库文件([.LIB])和其他有关的中间目标程序文件链接起来,形成最终可以在操作系统平台上直接运行的二进制形式的可执行程序文件([.EXE])。各步骤的作用如下:

① 源程序编辑(EDIT):使用字处理软件或编辑工具将源程序以文本文件形式保存到磁盘,源程序文件名由用户自己选定,但扩展名须为[.C]。

② 编译(COMPILE):编译的功能就是调用"编译程序",将第①步形成的源程序文件(Hello.C)作为编译程序的输入,进行编译。

③ 链接(LINK):编译后产生的目标程序往往形成多个模块,还要和库函数进行连接才能运行,连接过程是使用系统提供的"连接程序"运行的。

④ 运行(RUN):第③步完成后,就可以运行可执行文件(Hello. EXE)。若执行结果达到预期的目的,则编程工作到此完成;否则,可能由于解决问题的算法不符合题意而使源程序具有逻辑错误,得到错误的运行结果。

⑤ 调试和测试(DEBUG & TEST):为确保编写程序的正确性,需要设计合理且有效的测试用例,进行全面、细致而艰苦的调试和测试工作,必要时需进行单步跟踪程序运行。

(2)【答】

正确的程序指的是符合程序设计语言语法的,且逻辑功能正确的程序。通常编程时会出现的错误有:语法错误、逻辑错误和运行异常错误三种。

语法错误发生在编译阶段,要求源程序符合特定语言规范,若发生错误,需参考特定编程语言的规范修改即可。功能(逻辑)错误发生在程序编译成功后的执行阶段,当输入测试用例后,程序运行结果与程序员期待结果不一致。运行异常错误指的是编写程序时,忽略了一些边界条件,特定情况的处理,导致异常,这类错误的排除需在程序中添加异常处理代码。

(3)【答】

由于大家还没学编程,可以模仿教材中“Hello. c”的过程,参考本书第一章中的内容,模仿进行编写,主要目的是体会编程的过程。具体程序如下:

```
#include<stdio.h>
void main()
{
    printf("   *\n");
    printf("  ***\n");
    printf(" *****\n");
    printf("*******\n");
}
```

3.4　相关的程序设计基础知识

(1)【答】

计算机信息处理时需要对处理的数据进行编码的原因是:在计算机中,无论是数值型数据还是非数值型数据都是以二进制形式存储的,即无论是参与运算的数值型数据,还是文字、图形、声音、动画等非数值型数据,都是用 0 和 1 组成的二进制代码来表示的。计算机之所以能区别这些不同的信息,是因为它们采用不同的编码规则。

(2)【答】

ASCII 码的编码方式是美国信息交换标准代码(American Standard Code for Information Interchange),诞生于 1963 年,是一种比较完整的字符编码,现已成为国际通用的标准编码,已广泛用于计算机与外设间的通信。编码规则如下,①标准 ASCII 码:使用 7 位二进制位对字符进行编码,标准的 ASCII 字符集共有 128 个字符。②扩展 ASCII 码:使用 8 位二进制位对字符进行编码。因标准 ASCII 码只用了字节的低七位,最高位并不使用。后来为扩充字符,采用扩展 ASCII 码(Extended ASCII),将最高的一位也编入这套编码中,成为八位的扩展 ASCII 码,这套编码加上了许多外文和表格等特殊符号,成为目前常用的编码。

(3)【答】

计算机的基本硬件通常由运算器、控制器、存储器、输入设备和输出设备五大部分组成。

各部分的功能如下：

① 存储器。存储器是用来存储数据和程序的部件。

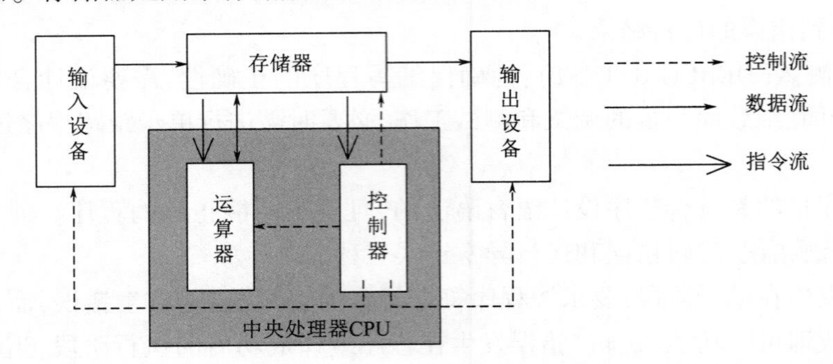

② 运算器。运算器是整个计算机系统的计算中心，主要执行算术运算和逻辑运算。

③ 控制器。控制器是整个计算机系统的指挥中心。

④ 输入设备。输入设备用于输入人们要求计算机处理的数据、字符、文字、图形、图像和声音等信息，以及处理这些信息所必需的程序，并将它们转换成计算机能接受的形式（二进制代码）。

⑤ 输出设备。输出设备用于将计算机处理结果或中间结果以人们可识别的形式（如显示、打印、绘图）表达出来。常见的输出设备有显示器、打印机、绘图仪、音响设备等。

(4)【答】

计算机中的指令执行过程是可分为以下三个步骤：

① 取出指令。按照指令计数器中的地址，从内存储器中取出指令，并送往指令寄存器中。

② 分析指令。对指令寄存器中存放的指令进行分析，由操作码确定执行什么操作，由地址码确定操作数的地址。

③ 执行指令。根据分析的结果，由控制器发出完成该操作所需要的一系列控制信息，去完成该指令所要求的操作。

执行指令的同时，指令计数器加 1，为执行下一条指令做好准备。若遇到转移指令，则将转移地址送入指令计数器。重复以上三步，直到遇到停机指令结束。

(5)【答】

程序在内存中布局情况：

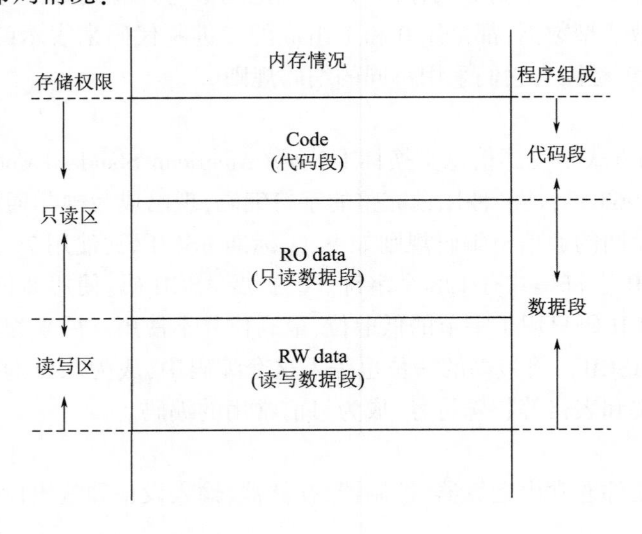

(6)【答】

在编写程序过程,遵循的规范有很多,常见的约定规范有:标识符命名及书写规则、注释及格式要求、缩进规则、代码的排版布局等。

3.5 数据类型、运算符与表达式

题号	答案	题号	答案
1	-12	2	%
3	9,10	4	32768
5	32	6	3
7	11　12	8	0　5
9	a=98, b=765.000000, c=4321.000000	10	0
11	^	12	3
13	9	14	4

3.6 顺序结构程序设计

(1)简答题

①【答】

顺序结构:是在程序执行过程中,语句按先后顺序一行一行执行,没有分支,没有重复,直到程序结束的算法结构。其流程如右图:

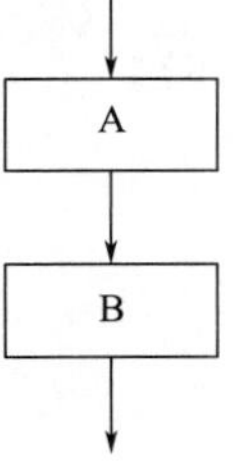

②【答】

C 语言本身没有专门的输入输出语句,而是通过调用 C 语言标准库函数中提供的输入和输出函数,来实现数据的输入和输出操作。

③【答】

分别是 printf( )、scanf( )、getchar( )和 putchar( )。两者的区别是字符输入输出函数只实现对单个字符型数据的操作,而格式化输入输出函数则可以根据需要实现对字符型、整型、实型和字符串等数据的操作。

(2)程序完善题

①【答】a=98,b=765.000000,c=4321.000000

②【答】-1,ffffffff

③【答】

7	temp = a;
8	a = b;
9	b = temp;

(3)编程题

①【答】

程序源代码如下：

```
#include<stdio.h>
void main()
{
    int a=3,b=4,c=5;
    double x=1.2,y=2.4,z=-3.6;
    char ch='a';
    printf("a=%d,b=%d,c=%d\n",a,b,c);
    printf("x=%.2f,y=%.3f,z=%.1f\n",x,y,z);
    printf("x+y=%.2f,y+z=%.2f,z+x=%.2f\n",x+y,y+z,z+x);
    printf("ch='%c'or%d\n",ch,ch);
}
```

②【答】

程序源代码如下：

```
#include<stdio.h>
void main()
{
    double F,C;
    printf("华氏温度F=");
    scanf("%lf",&F);
    C=(F-32)*5/9;
    printf("摄氏温度C=%.0f\n",C);
}
```

③【答】

程序源代码如下：

```
#include<stdio.h>
#define MILE  1.60934
void main()
{
    double km,mile;
    printf("千米数km=");
    scanf("%lf",&km);
    mile=km/MILE;
    printf("英里数mile=%.4f\n",mile);
}
```

④【答】

程序源代码如下：

```
#include<stdio.h>
void main()
{
```

```
    int m,x,y,z; //x,y,z分别表示百位、十位与个位上的数字
    printf("输入一个3为的自然数m=");
    scanf("%d",&m);
    z=m%10;
    y=m/10%10;
    x=m/100;
    printf("它的百位、十位与个位上的数字之和为%d\n",x+y+z);
}
```

⑤【答】

程序源代码如下：

```
#include<stdio.h>
void main()
{
    char ch;
    printf("输入一个小写字母：");
    scanf("%c",&ch);
    printf("对应大写字母为%c\n",ch-('a'-'A'));
}
```

3.7　分支结构程序设计

(1) 简答题

①【答】

分支结构为根据给定条件是否成立而决定执行不同步骤的算法结构。其流程图如下所示：

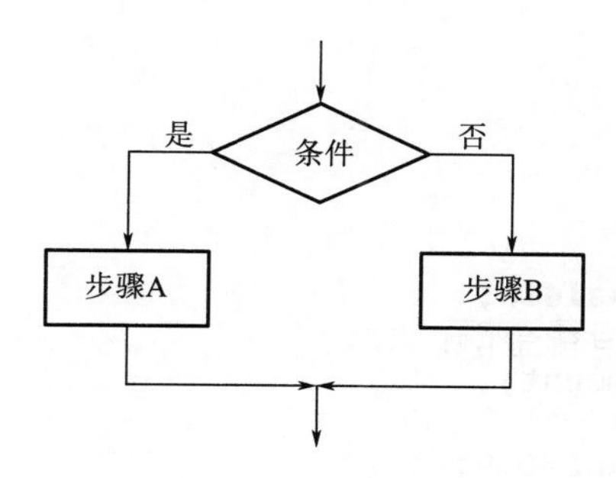

②【答】

作用是：不执行 break 之后的语句，并结束退出 switch 语句。因为 switch 结构中 case 只是开始执行处的入口标号，一旦与 switch 后面圆括号中表达式的值匹配，就从此标号处开始执行。而且执行完一个 case 后面的语句后，若没遇到 break 语句，就自动进入下一个 case 继续执行，而不再判断是否与之匹配，直到遇到 break 语句才停止执行，退出 switch 语句。因此，若想执行一个 case 分支之后立即跳出 switch 语句，就必须在此分支的最后添加一个 break 语句。

③【答】

switch 结构中不一定必须有 default 语句。default 顾名思义是缺省情况，只有任何条件都不匹配（即表达式的值与所有 case 子句中的值都不匹配时）的情况下才会执行，所以一般将 default 语句放在所有 case 结束之后。

(2)程序完善题

①【答】

```
1    A. if(a>b && a>c)                B. if (a>b)
2          max = ____a____;                 if(a>c)
3       else                                  max = ____a____;
4       if(b>c)                             else
5          max = ____b____;                   max = ____c____;
6       else                              else
7          max = ____c____;                 if(b>c)
8                                             max = ____b____;
9                                           else
10                                            max = ____c____;
```

②【答】

x 等于 95 时,程序段运行后屏幕上显示 Very Good

x 等于 87 时,程序段运行后屏幕上显示 Good

x 等于 100 时,程序段运行后屏幕上显示 Very Good

x 等于 43 时,程序段运行后屏幕上显示 Fail

x 等于 66 时,程序段运行后屏幕上显示 Pass

x 等于 79 时,程序段运行后屏幕上显示 Pass

(3)编程题

①【答】

程序源代码如下:

```
#include <stdio.h>
void main()
{
    double amount,paidIn;
    printf("请输入消费金额: ");
    scanf("%lf",&amount);
    if(amount<=200)
        paidIn=amount*0.9;
    else
        paidIn=200*0.9+(amount-200)*0.8;
    printf("应付消费金额: %.0lf\n",paidIn);
}
```

②【答】

程序源代码如下:

```
#include <stdio.h>
void main()
{
    char ch,p,q;        //p,q分别存放ch的前驱和后继
    printf("请输入一个字母: ");
    ch=getchar();
```

```
    if(ch>='a'&&ch<='z'||ch>='A'&&ch<='Z') {
        if(ch=='a'||ch=='A') {p='z';q=ch+1;}
        else if(ch=='z'||ch=='Z') {p=ch-1;q='a';}
        else {p=ch-1;q=ch+1;}
    }
    else{ printf("输入的不是字母"); return;}
    printf("该字母字符的前驱和后继字符分别是%c和%c\n",p,q);
}
```

3.8　循环结构程序设计

(1)简答题

①【答】

循环结构是指当程序要反复执行同一操作时,就必须使用循环结构。其中,重复执行一组指令(或一个程序段)称为循环操作。流程图如下:

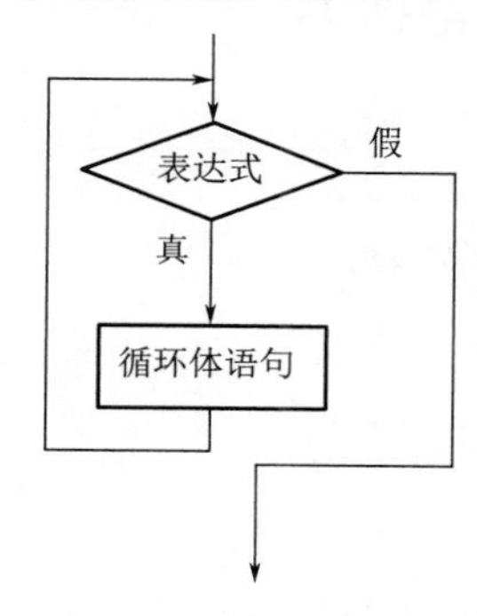

②【答】

主要区别如下:while 循环的控制出现在循环体之前,只有当 while 后面条件表达式的值为非 0 时,才可能执行循环体,因此循环体可能一次都不执行;在 do-while 构成的循环中,总是先执行一次循环体,然后再求条件表达式的值,因此,无论条件表达式的值是 0 还是非 0,循环体至少要被执行一次。

③【答】

continue 语句只结束本次循环,而不是终止整个循环的执行。

break 语句则是结束整个循环过程,不再判断执行循环的条件是否成立。break 语句可以用在循环语句和 switch 语句中。在循环语句中用来结束内部循环,在 switch 语句中用来跳出 switch 语句。

(2)程序完善题

①【答】

```
8          while(  x>0  )
11              if(  x<amin  ) amin=x;
```

②【答】

```
7          s=0;
9               if(  m%n==0  ) s+=n;
```

```
10          if(   s==m   ) printf("%d\n", m);
```

③【答】

```
6          while(   1/item>1e-6   )
8              item *=(double) i;   e+=   1/item   ;   i++   ;
```

(3)编程题

①【答】

【问题分析】学会分解出每一位数。

【程序源代码】

```
#include <stdio.h>
void main()
{
    int num,temp;
    printf("请输入一个正整数");
    scanf("%d",&num);
    temp=num;
    while(temp>0)
    {
        printf("%d",temp%10);
        temp=temp/10;
    }
    printf("\n");
}
```

②【答】

【问题分析】设大公鸡、母鸡、小鸡的个数分别为 x,y,z,题意给定共 100 钱要买 100 只鸡,若全买公鸡最多买 20 只,显然 x 的值在 0~20 之间。同理,y 的取值范围在 0~33 之间,可得到下面的不定方程:

$$5x+3y+z/3=100$$

$$x+y+z=100$$

所以此问题可归结为求这个不定方程的整数解。

由程序设计实现不定方程的求解与手工计算不同。在分析确定方程中未知数变化范围的前提下,可通过对未知数可变范围的穷举,验证方程在什么情况下成立,从而得到相应的解。

【程序源代码】

```
#include <stdio.h>
void main()
{
    int x,y,z,j=0;
    printf("用100钱买100只鸡的可能情况如下：\n");
    for(x=0;x<=20;x++) /*外层循环控制公鸡数*/
        for(y=0;y<=33;y++) /*内层循环控制母鸡数y在0~33变化*/
        {
            z=100-x-y; /*内外层循环控制下，小鸡数z的值受x,y的值的制约*/
            if(z%3==0&&5*x+3*y+z/3==100)//验证取z值的合理性及得到一组解的合理性
                printf("%2d:cock=%2d hen=%2d chicken=%2d\n",++j,x,y,z);
        }
}
```

【问题的进一步讨论】这类求解不定方程的实现,各层循环的控制变量直接与方程未知数有关,且采用对未知数的取值范围上穷举和组合的方法来覆盖可能得到的全部各组解。能否根据题意更合理的设置循环控制条件来减少这种穷举和组合的次数,提高程序的执行效率,请读者考虑。

③【答】

【程序分析】分行与列考虑,共 9 行 9 列,i 控制行,j 控制列。

【程序源代码】

```
#include <stdio.h>
void main()
{
    int i,j,result;
    printf("\n");
    for (i=1;i<10;i++)
    {
        for(j=1;j<10;j++)
        {
            result=i*j;
            printf("%d*%d=%-3d",i,j,result);/*-3d表示左对齐，占3位*/
        }
        printf("\n");/*每一行后换行*/
    }
}
```

④【答】

【程序分析】关键是相邻项的符号相反,如何将它表示出来。

【程序源代码】

```
#include <stdio.h>
void main()
{
    int sign=1,deno,sum=1,term;
    for (deno=3;deno<=101;deno=deno+2)
    {
        sign=-sign;          //符号转换
        term=sign*deno;
        sum=sum+term;
    }
    printf("%d\n",sum);
}
```

⑤【答】

【程序分析】关键是计算出每一项的值。

【程序源代码】

```
#include <stdio.h>
void main()
{
    int a,n,count;  long int sn=0,tn=0;
    printf("请输入 a 和 n\n");
    scanf("%d%d",&a,&n);
    printf("a=%d,n=%d\n",a,n);
    for(count=1;count<=n;count++)
    {
```

```
        tn=tn+a;
        sn=sn+tn;
        a=a*10;
    }
    printf("a+aa+...=%ld\n",sn);
}
```

⑥【答】

【程序分析】可填在百位、十位、个位的数字都是 1、2、3、4。组成所有的排列后再去掉不满足条件的排列。

【程序源代码】

```
#include <stdio.h>
void main()
{
    int i,j,k;
    for(i=1;i<5;i++)     /*以下为三重循环*/
        for(j=1;j<5;j++)
            for (k=1;k<5;k++)
            {
                if (i!=k&&i!=j&&j!=k) /*确保i、j、k三位互不相同*/
                    printf("%d%d%d\n",i,j,k);
            }
}
```

⑦【答】

【程序分析】对每个 100~1000 之内采用例 8-4 的判别素数的算法对其中每个数进行判别,因为采用一样的方法,而且这些数之间又是有规律的,所以可以采用循环结构实现。

【程序源代码】

```
#include<stdio.h>
void main()
{
    int i,j,count=0;//count用于统计素数的个数
    for(i=100;i<1000;i++)
    {
        for(j=2;j<i;j++)
            if(i%j==0) break;//如果i能被j整除，则说明不是素数
            if(i==j)
            {
                count++;
                printf("%6d",i);
                if(count%10==0) printf("\n");//每行输出10个素数
            }
    }
    printf("\n");
}
```

该程序运行结果如下：

```
101   103   107   109   113   127   131   137   139   149
151   157   163   167   173   179   181   191   193   197
199   211   223   227   229   233   239   241   251   257
263   269   271   277   281   283   293   307   311   313
317   331   337   347   349   353   359   367   373   379
```

```
383   389   397   401   409   419   421   431   433   439
443   449   457   461   463   467   479   487   491   499
503   509   521   523   541   547   557   563   569   571
577   587   593   599   601   607   613   617   619   631
641   643   647   653   659   661   673   677   683   691
701   709   719   727   733   739   743   751   757   761
769   773   787   797   809   811   821   823   827   829
839   853   857   859   863   877   881   883   887   907
911   919   929   937   941   947   953   967   971   977
983   991   997
```

3.9　数组

(1)【答】其数组下标的数据类型应该为整型表达式。

(2)【答】i * m+j

(3)【答】①&a[i]　②i%4= =0　③printf("\n")

(4)【答】①j=i　②k=i　③a[j]=max;a[k]=min;

(5)【答】①break　②i= =8

(6)【答】

【问题分析】为完成要求的功能,需求出此四位数的每一位数字,这可以通过除位权求余数的方法得到,求出每一位后存储于数组中,然后按题目要求进行运算,即可得到正确的结果。

```
#include <stdio.h>
void main()
{
    int a,i,aa[4],t;
    scanf("%d",&a);
    aa[0]=a%10;
    aa[1]=a%100/10;
    aa[2]=a%1000/100;
    aa[3]=a/1000;
    for(i=0;i<=3;i++)
    {
        aa[i]+=5;
        aa[i]%=10;
    }
    for(i=0;i<=3/2;i++)
    {
        t=aa[i];
        aa[i]=aa[3-i];
        aa[3-i]=t;
    }
    for(i=3;i>=0;i--)
        printf("%d",aa[i]);
}
```

运行结果如下(输入一个4位数3456):

```
3456
1098
```

3.10　函数

(1)填空题

题号	答案	题号	答案
(1)	2个	(2)	21
(3)	0	(4)	5.500000
(5)	12	(6)	12
(7)	9.000000		

(2)编程题

①【答】程序的源代码如下：

```
#include<stdio.h>
void input(int *a) //输入函数，输入10个整数的数组
{
    int i=0;
    printf("请输入10个数:\n");
    for(i=0;i<10;i++)
        scanf("%d",&a[i]);
    printf("原序列为:\n");
    for(i=0;i<10;i++)
        printf("%d ", a[i]);
    printf("\n");
}
void sort(int a[10]) //***求最小数最大数的位置***//
{
    int i,max,min,maxnum,minnum,t1,t2;
    max = min = a[0];
    maxnum = minnum = 0;
    for(i=1;i<10;i++)
    {
        if(a[i] > max)
        {
            max = a[i];maxnum = i;
        }
        if(a[i] < min)
        {
            min = a[i];minnum = i;
        }
    }
    printf("最大的数为%d, 是第%d个数\n",max,maxnum+1);
    printf("最小的数为%d, 是第%d个数\n",min,minnum+1);
    t2=a[9]; a[9]=max; a[maxnum]=t2;
    t1=a[0]; a[0]=min;
    if(minnum!9) a[minnum]=t1;
}
output(int a[10])
{
    int i;
```

```
    printf("调整后数组序列为:\n");
    for(i=0;i<10;i++)
        printf("%d ", a[i]);
}
void main()
{
    int b[10];
    input(b);
    sort(b);
    output(b);
}
```

②【答】程序的源代码如下:

```
#include<stdio.h>
void sort(int n)//定义一个判断奇偶数的函数
{
    if(n%2==0)
        printf("the number is double \n");
    else
        printf("the number is odd\n");
}
int main()
{
    int n;
    printf("please input a number:\n");
    scanf("%d",&n);
    sort(n); //调用判断奇偶数的函数
    return 0;
}
```

③【答】程序的源代码如下:

```
#include<stdio.h>
void main()
{
    int fun(int x,int y);//函数声明
    int a,b,c;
    scanf("%d %d",&a,&b);
    c=fun(a,b); //函数调用
    printf("%d\n",c);
}
int fun(int x,int y)//函数
{
    if(x>y)
        return (x-y);
    else
        return (y-x);
}
```

④【答】

【问题分析】$n! = n*(n-1)*(n-2)*\cdots\cdots*1 = n(n-1)!$。

递归公式:

$$fac(n)=n!\begin{cases}=1 & 0,1\\ =n*(n-1)! & n>1\end{cases}$$

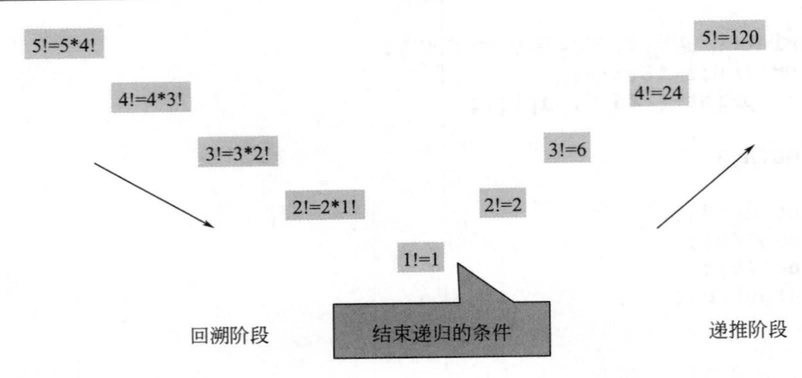

程序的源代码如下：

```
#include <stdio.h>
int main()  //主函数
{
    int fac(int n); //递归函数声明
    int n;  int y;
    printf("input an integer number:\n");//提示输入数据
    scanf("%d",&n);      //程序读入数据
    if (n>10)   //加判断防止计算后数据过大，导致溢出。
    {
        printf("n>10,可能导致结果溢出!");
        return 0;
    }
    if(n<0)       //小于零的数不可以求阶乘
    {
        printf("n<0,数据错误!");
        return 0;
    }
    y=fac(n);    //调用递归函数
    printf("%d!=%d\n",n,y); //输出结果
    return 0;
}
int  fac(int n)      //递归函数定义
{
    int  f;
    if(n==0||n==1)
        f=1;     //如果推算到0或1，那么给出其结果1
    else
        f=fac(n-1)*n;    //否则，那么给出计算公式
    return(f);  //返回本次推算结果
}
```

程序的运行结果如下：

```
input an integer number:
5
5!=120
```

【注意】此题 n 值不能过大，防止计算后数据过大，导致溢出。

⑤【答】

【问题分析】

所谓选择法就是先将 10 个数中最小的数与 A[0]对换，再将 A[1]到 A[9]中最小的数与 A[1]对换……每比较一轮，找出一个未经排序的数中最小的一个，共比较 9 轮。

图解：

A[0]	A[1]	A[2]	A[3]	A[4]	A[5]	A[6]	A[7]	A[8]	A[9]	
5	2	6	3	9	8	10	1	4	21	原始状态
1	2	6	3	9	8	10	**5**	4	21	把最小的数 A[7]与 A[0]交换
1	**2**	6	3	9	8	10	5	4	21	不交换
1	2	**3**	**6**	9	8	10	5	4	21	把最小的数 A[3]与 A[2]交换
				……						

程序的源代码如下：

```
#include <stdio.h>
int main()
{
    //对sort函数的声明，参数为不定义长度数组及一个整形变量
    void sort(int array[],int n);
    int a[10],i;     //定义主调函数数组，一般不与被调函数同名
    printf("enter the array\n");     //以下循环对数组a赋值
    for(i=0;i<10;i++)
        scanf("%d",&a[i]);
    sort(a,10); //以数组名为实参调sort函数
    printf("the sorted array:\n");  //以下循环打印排序后的数组
    for(i=0;i<10;i++)
        printf("%d  ",a[i]);
    printf("\n");
    return 0;
}
//定义sort函数，并array数组名为形参接收a数组
void sort(int array[],int n)
//首地址,注意形参数据类型必须与实参相同
{
    int i,j,k,t;
    for(i=0;i<n-1;i++)//以下循环对数组array从第一个元素到数组后数
        //第二个元素依次对比
    {
        k=i;
        for(j=i+1;j<n;j++)//以下循环对数组从第j个元素向后对比
            if(array[j]<array[k])//当第j个元素值小于第k个元素
            {
                k=j;    //k元素与j元素数组下标对调,
                        //k元素以后的数组元素不变
                t=array[k];array[k]=array[i];
                array[i]=t; //k元素于第j元素数组值对调,
                //其它数组元素值不变
            }
    }
}
```

3.11　指针

(1)【答】一维数组的数组名代表指向数组首元素的指针,二维数组的数组名代表指向数组首行的指针(行指针)。

(2)【答】行指针可指向一行(一维数组),而普通指针只能指向一个特定的数组元素。

(3)【答】* p! ='\0'　　　　* p-'0'

(4)【答】str[i]! ='\0'　　　　j=I　　　　k+1

(5)【答】s1++　　　　* s2

(6)【答】程序的源代码如下:

```
#include<stdio.h>
void main()
{
    char a[10],b[10],i=0,j=0;
    printf("输入字符串\n");
    scanf("%s",a);  // 可输入abcdef
    for(i=0;*(a+i)!='\0';i++)
    {
        *(b+j++)=*(a+i);
        if(*(a+i+1)!='\0')
            *(b+j++)=' ';
    }
    *(b+j)='\0';
    printf("%s\n",b);
}
```

运行结果如下图:

```
输入字符串
abcdef
a b c d e f
```

(7)【答】程序的源代码如下:

```
#include <stdio.h>
#include <malloc.h>
void  main()
{
    int a[10]={2,4,6,8,10,12,14,16,18,20};
    int *p=a,*q;
    int i,n,m;
    n=4;
    m=5;
    q=malloc(m);
    p=p+n-1;
    for(i=0;i<m;i++)
    {
        q[i]=*p;
        p++;
    }
    p=p-m;
    for(i=0;i<m;i++)
    {
        *p=q[m-1-i];
        p++;
    }
    for(i=0;i<10;i++)
    {
        printf("%d ",a[i]);
    }
    printf("\n ");
}
```

运行结果如下(从第4各元素开始的5个元素逆序排列)：

```
2 4 6 16 14 12 10 8 18 20
```

3.12　结构体、共用体、枚举及用户定义类型

1. 填空题

题号	答案	题号	答案
(1)	4	(2)	2011　2014
(3)	P->no=1234	(4)	100
(5)	1234 12 34 12ff		

(2)编程题

①【答】

程序的源代码如下：

```
#include "stdio.h"
#include <stdlib.h>
#define SIZE 10
struct  student{
    char  id[20];
    char  name[20];
    int  score[3];
    int  total;
} stud[SIZE];
void main()
{
    int i,j;
    struct student temp;
    for(i=0;i<SIZE;i++)
    {
        printf("第%d个学生的信息:\n",i+1);
        scanf("%s%s%d%d%d",stud[i].id,stud[i].name,
            &stud[i].score[0],&stud[i].score[1],&stud[i].score[2]);
        stud[i].total=stud[i].score[0]+stud[i].score[1]+stud[i].score[2];
    }
    for(i=0;i<SIZE;i++)
    {
        for(j=0;j<SIZE-i-1;j++)
        {
            if(stud[j].total<stud[j+1].total)
            { temp=stud[j]; stud[j]=stud[j+1]; stud[j+1]=temp; }
        }
    }
    printf("\n");
    for(i=0;i<SIZE;i++)
        printf("%s %s %d %d %d %d\n",stud[i].id,stud[i].name,
              stud[i].score[0],stud[i].score[1],
              stud[i].score[2],stud[i].total);
}
```

②【答】

程序的源代码如下：

```
#include <stdio.h>
struct  //声明结构体类型
{
    int no;
    char name[10];
    char sex;
    char job;
    union   //声明共同体，直接定义变量
    {
        int iClass;
        char position[10];
    }category;
}person[2]; //直接定义变量为2个元素的数组
int main()
{
    int i;
    printf("Please input no,name,sex,job,class/posit\n");
    for(i=0;i<2;i++)//先设人数为2
    {
        scanf("%d %s %c %c", &person[i].no, &person[i].name,
            &person[i].sex, &person[i].job);
        if(person[i].job == 'S')//S是学生，则共同本内输入班级
            scanf("%d", &person[i].category.iClass);
        else if(person[i].job == 'T')//T是教师，则共同本内输入职务
            scanf("%s",person[i].category.position);
        else printf("Input error!");//否则输入错误
    }
    printf("\n");
    printf("no. name sex job class/position\n");
    for(i=0;i<2;i++)//显示输入的数据
    {
        if (person[i].job == 'S')
            printf("%-6d%-10s%-3c%-3c%-6d\n",person[i].no,
                   person[i].name, person[i].sex, person[i].job,
                   person[i].category. iClass);
        else
            printf("%-6d%-10s%-3c%-3c%-6s\n",person[i].no,
                   person[i].name,person[i].sex, person[i].job,
                   person[i].category.position);
    }
    return 0;
}
```

程序的运行结果如下：

```
Please input no,name,sex,job,clase/posi
1001 Wang F S 301
1006 Li M T professer

No. name sex job class/position
1001  Wang      F  S  301
1006  Li        M  T  professer
```

3.13　文件

(1)【答】

使用文件的方式共有 12 种,下面给出了它们的符号和意义。

"r":只读打开一个文本文件,只允许读数据

"w":只写打开或建立一个文本文件,只允许写数据

"a":追加打开一个文本文件,并在文件末尾写数据

"rb":只读打开一个二进制文件,只允许读数据

"wb":只写打开或建立一个二进制文件,只允许写数据

"ab":追加打开一个二进制文件,并在文件末尾写数据

"r+":读写打开一个已存在的文本文件,允许读和写

"w+":读写打开或建立一个文本文件,允许读和写

"a+":以附加方式读写打开一个文本文件,允许读,或在文件末追加数据

"rb+":读写打开一个已存在的二进制文件,允许读和写

"wb+":读写打开或建立一个二进制文件,允许读和写

"ab+":以附加方式读写打开一个二进制文件,允许读,或在文件末追加数据

(2)【答】

打开文件:fopen,读写文件:fgetc、fputc、fgets、fputs、fprintf、fscanf、fread、fwrite、文件关闭:fclose。

(3)【答】

① fopen(fname,"w")

② ch

(4)【答】

(! feof(fp))

(5)【答】

① 3

② ! feof(f1)

(6)【答】

程序的源代码如下:

```
#include<stdio.h>
#define BUFFSIZE 100
void main()
{
    FILE * sfp,* dfp;
    char ch;
    int i;
    char buf[BUFFSIZE];
    if((sfp=fopen("d:\\t.txt","r"))==NULL)/*以只读方式打开*/
    {
        printf("Source file cannot be opened\n");
        exit(1);
    }
```

```
    if(!(dfp=fopen("d:\\t1.txt","w")))/*以只写方式打开*/
    {
        printf("Destination file cannot be opened\n");
        exit(1);
    }
    i=0;
    while(!feof(sfp))//判断是否文件尾，不是则循环
    {
        if((ch=fgetc(sfp))!=-1)
            buf[i++]=ch;/*读出数据送缓冲区*/
        if(i>=5000) /*若i超出5000，缓冲区不足*/
        {
            printf("buffer not enough!");
            exit(1);
        }
    }
    while(--i>=0)/*控制反序操作*/
        fputc(buf[i],dfp);/*写入目的文件中*/
    fclose(sfp);
    fclose(dfp);
}
```

第4章　计算机二级考试(C语言)考试大纲解析-理论部分

4.1　理论部分复习方法

计算机等级考试的复习方法和应试技巧非常重要,但因人而异,归纳起来,需注意以下几点:

(1)熟悉考试大纲。大纲一般包含命题指导思想、考试依据、范围、命题要求,以此为依据可以确定应考对策。二级C语言考试知识点繁多,复习时要"厚书读薄、薄书看厚"。这就要求考生对考试大纲有一个总体的了解,这样才能熟悉应试的知识结构,抓住重点、热点(厚书读薄),有针对性地复习,熟悉这些内容(薄书看厚),只有这样才能顺利地通过考试。

(2)做历年真题。许多考生习惯于备考时做大量的模拟题,这种做法有利于加深读者对相关知识点的理解,但模拟题再好,也达不到真题的深度和广度。最有效的方法是认真去做历年的真题,做历年真题有利于考生把握知识点和出题方式,从中找出规律性的东西以及解题技巧,从宏观上了解到底考查哪些内容以及这些内容如何进行考查。同时也可以巩固知识,更重要的是,据统计,二级C语言考试题目的重现率比较高,很多题目在往年的考试中都能看到类似的影子,只有熟悉并理解往年的试题,应对二级C语言的考试才能够胸有成竹。

(3)及时复习。及时复习是最基本的方法。每隔一段时间之后,回过头来复习一下以前学习过的内容。这种复习花费时间并不多,但作用非常大,一方面可以巩固以前学习的知识,另一方面也可以加深前后知识的连贯,形成全面的知识体系结构。

(4)归纳整理,注重实践。对初学者而言,应对二级C语言考试,知识点记忆是一个难关,除了要记忆计算机基础知识、基本概念外,还需要适当记忆和C语言相关的知识点。此外,因为二级C语言考试中的题目大都能上机实践,所以实践非常重要。考生在应对基本知识理解的同时应注意多上机实践,通过实践,才能将所学的知识进行融会贯通。

(5)适量的模拟训练。每隔一段时间,进行一次全真模拟测试,通过测试可以发现不足,"对症下药"进行解决,由于模拟测试只是手段,而不是目的,所以不宜频繁进行这种测试,考试的核心还是多看教程、多总结、多思考。

(6)建立错题集。把自己平时模拟测试易错的题用一个本子记录下来,并在题目的下方写下自己的分析和所考的相关的知识点。每隔一段时间,对照错题中涉及的知识点,专门复习,效果更好,可以大幅促进学习成绩的提高。

(7)认真审题。考生在考试的过程中,解答每一道题都要先审题。如果不仔细审题,容易答错、答偏。审题要弄清题意,不能粗枝大叶,不能想当然,不能操之过急,特别是那些形式上类似以前曾经做过的题目,要特别注意。有的考生将考题匆匆看一眼,认为题目似乎与自己复习中遇到的相同,就按原来的思路下笔解答,结果文不对题,成绩大打折扣。如:假设以下程序段的变量已正确定义。

```
for (i=0; i<4; i++)
    for (k=1; k<3; k++);
        printf("*");
```

程序段的输出结果是(　　)

A. * * * * * * * *　　B. * * * *

C. * *　　D. *

绝大多数考生在做这道题时认为与前几年的考题相似,是考两重循环的知识点,外层循环执行 4 次,内层循环执行 2 次,这样很容易选择 A。其实不然,该题在第二层循环的后面加了一个分号“;”,意味循环体为空,因此输出的结果与循环无关,答案选择 D。

相应的方法:

① 直推法。先不分析所给的 4 个答案之间的区别和联系,根据内容推出正确答案,然后从 4 个答案中选出相符的一个答案。如有如下程序:

```
#include <stdio.h>
void main()
{
    int y=9;
    for(;y>0;y--)
        if (y%3==0)
            printf("%d",--y);
}
```

程序的运行结果是(　　)。

A. 741　　B. 963　　C. 852　　D. 875431

本题考查对自减运算符的掌握。本题中的 for 循环执行 9 次,当 y 取值分别为 9、6、3 时,if 后的条件语句满足,又因为--y 是先减 1,然后再返回判断,所以输出的值分别为 8、5、2,答案选择 C。

② 筛选法。将所给的 4 个答案进行逐一分析、对比、去伪存真、筛选并逐一排除,最后确立一个正确答案。如:可在 C 程序中用做用户标识符的一组标识符是(　　)。

A. and_200r7　　B. DateY-ra-d　　C. Hir. TOM　　D. case

本题考查对 C 语言标识符命名的掌握。本题中,选项 B 中的“-”、选项 C 中的“. ”均不是构成标识符的基本字符,所以错误。选项 D 中的标识符的字符组成上没有错误,但 case 是关键字,违反了标识符不能与关键字相同的原则,所以错误。与上述对比和分析可知,本题答案应该选择 A。

(8)“先易后难”答题。考试过程中,做题要由易到难,遇到难题不要惊慌,不妨先放一放,先把简单的题目解答了再回头来思考。这样可以在节约时间的基础上尽量得分。除此以外,答题过程中要特别注意题目查漏补缺的复查工作,要认真检查,逐一复核,最好重新审题,防止误答和漏答,很多时候错的题偏偏是会做的题,复查则会很好地减少这种现象的发生。

当然,考试方法和技巧固然重要,但更重要的是要熟练掌握相关的知识和方法,这样才可以在二级 C 语言的考试中立于不败之地。总而言之,计算机等级考试中要得到好成绩,需要我们在复习中和答题时重视应试方法与掌握技巧的基础上,在平时的复习中多做分析和比较,多总结,构建自己的知识轮廓。如果能做到这几点,就既能做到事半功倍考出满意的成绩。

4.2 知识点分析

4.2.1 变量

(1)以下程序运行时输出结果的第一行是________,第二行是________。

```
#include <stdio.h>
int c;
void f1(int x, int *sum)
{
    static int y;
    x++;
    y++;
    c=c+y;
    *sum=(x+y)/c;
}
void main()
{
    int a,b=100;
    for(a=0;a<2;a++)
    {
        f1(a,&b);
        printf("%d %d %d \n",a,b,c);
    }
}
```

运行结果为:

```
0 2 1
1 1 3
```

考点:静态局部变量。

【分析】静态局部变量的类型说明符是static。静态局部变量属于静态存储方式,但是属于静态存储方式的变量不一定就是静态局部变量。例如外部变量也属于静态存储方式,但不是静态局部变量。

静态局部变量属于静态存储方式,它具有以下特点:

① 静态局部变量在函数内定义,它的生存期为整个源程序,但是其作用域仍与自动变量相同,只能在定义该变量的函数内使用该变量。退出该函数后,尽管该变量还继续存在,但不能使用它。

② 允许对构造类静态局部变量赋初值,例如数组,若未赋以初值,则由系统自动赋以0值。

③ 对基本类型的静态局部变量若在说明时未赋以初值,则系统自动赋予0值。而对自动变量不赋初值,则其值是不确定的。静态局部变量是一种生存期为整个源程序的变量。虽然离开定义它的函数后不能使用,但如再次调用定义它的函数时,它又可继续使用,而且保存了上一次被调用后留下的值。因此,当多次调用一个函数且要求在调用之间保留某些变量的值时,可考虑采用静态局部变量。虽然用全局变量也可以达到上述目的,但全局变量有时会造成意外的副作用,因此仍以采用静态局部变量为宜。

全局变量(外部变量)的说明之前再冠以 static 就构成了静态的全局变量。全局变量本身就是静态存储方式,静态全局变量当然也是静态存储方式。这两者在存储方式上并无不同。这两者的区别虽然在于非静态全局变量的作用域是整个源程序,当一个源程序由多个源文件组成时,非静态的全局变量在各个源文件中都是有效的。而静态全局变量则限制了其作用域,即只在定义该变量的源文件内有效,在同一源程序的其他源文件中不能使用它。由于静态全局变量的作用域局限于一个源文件内,只能为该源文件内的函数共用,因此可以避免在其他源文件中引起错误。从以上分析可以看出,把局部变量改变为静态变量后是改变了它的存储方式即改变了它的生存期。把全局变量改变为静态变量,则是改变了它的作用域,限制了它的使用范围。因此 static 这个说明符在不同的地方所起的作用是不同的。

(2)以下程序运行时输出结果为:________。

```
#include <stdio.h>
int func(int a)
{
    static int c=1;
    c*=a;
    return c;
}
void main()
{
    int b=1,i;
    for(i=2; i<4; i++)
        b=b+func(i);
    printf("\n %d",b);
}
```

运行结果为:

```
9
```

考点:静态变量。

(3)以下程序运行时输出结果为:________。

```
#include <stdio.h>
void num()
{
    extern int x,y;
    int a=15,b=10;
    x=a-b;
    y=a+b;
}
int x,y;
void main()
{
    int a=7,b=5;
    x=a+b;
    y=a-b;
    num();
    printf("%d,%d\n",x,y);
}
```

运行结果为：

```
5,25
```

本题考点：变量的作用域。

【分析】外部变量是指在函数或者文件外部定义的全局变量。

外部变量定义必须在所有的函数之外，且只能定义一次。

① 在一个文件内声明的外部变量

作用域：如果在变量定义之前要使用该变量，则在使用之前加 extern 声明变量，作用域扩展到从声明开始，到本文件结束。

② 在多个文件中声明外部变量

作用域：如果整个工程由多个文件组成，在一个文件中想引用另外一个文件中已经定义的外部变量时，则只需在引用变量的文件中用 extern 关键字加以声明即可。可见，其作用域从一个文件扩展到多个文件了。

4.2.2 运算符与表达式

(1) 在 C 语言程序中，表达式 5%2 的结果是____C____。

A. 2.5　　B. 2　　C. 1　　D. 3

【分析】"%"为求余运算符，该运算符只能对整型数据进行运算。且符号与被模数相同。5%2=1；5%(-2)=1；(-5)%2=-1；(-5)%(-2)=-1；"/"为求商运算符，该运算符能够对整型、字符、浮点等类型的数据进行运算。

(2) 如果 int a=3,b=4；则条件表达式"a<b? a:b"的值是____A____。

A. 3　　B. 4　　C. 0　　D. 1

【分析】表达式 1? 表达式 2:表达式 3

先计算表达式 1，若表达式 1 成立，则选择计算表达式 2，并表达式 2 的值作为整个大表达式的值；若表达式 1 不成立，则选择计算表达式 3，并将表达式 3 的值作为整个大表达式的值。此题中的 a<b 相当于表达式 1，a 相当于表达式 2，b 相当于表达式 3。a 为 3，b 为 4。a<b 表达式 1 成立，因此计算表达式 2，并将表达式 2 的值即 a 中的值作为整个表达式的值，因此整个表达式的值为 3。

(3) 下面(　D　)表达式的值为 4.

A. 11/3　　B. 11.0/3　　C. (float)11/3　　D. (int)(11.0/3+0.5)

【分析】

① 相同数据类型的元素进行算术运算(+、-、*、/)得到结果还保持原数据类型。

② 不同数据类型的元素进行算术运算，先要统一数据类型，统一的标准是低精度类型转换为高精度的数据类型。

选项 A，11 与 3 为两个整数，11/3 结果的数据类型也应为整数，因此将 3.666666 的小数部分全部舍掉，仅保留整数，因此 11/3=3.

选项 B，11.0 为实数，3 为整数，因此首先要统一数据类型，将整型数据 3 转换为 3.0，转换后数据类型统一为实型数据，选项 B 变为 11.0/3.0，结果的数据类型也应为实型数据，因此选项 B 11. 0 /3 = 3. 666666。

选项 C,先将整数 11 强制类型转换,转换为实型 11. 0,因此选项 C 变为 11. 0/3,其后计算过程、结果与选项 B 同。

选项 D,首先计算 11. 0/3,其计算过程、结果与选项 B 同,得到 3. 666666;再计算 3. 666666 +0. 5 = 4. 166666,最后将 4. 166666 强制类型转换为整型,即将其小数部分全部舍掉,结果为 4。

(4)输入一个字符,判断该字符是数字、字母、空格还是其他字符。

```
#include <stdio.h>
void main( )
{
    char ch;
    ch=getchar();
    if(ch>='a'&&ch<='z'|| ch>='A'&&ch<='Z')
        printf("It is an English character\n");
    else if(    ch>='0'&&ch<='9')
        printf("It is a digit character\n");
    else if(ch== ' ')
        printf("It is a space character\n");
    else
        printf("It is other character\n");
}
```

【分析】第 1 空:字符在计算机中以 ASCII 码的形式存储。所以当输入的字符,即 ch 中字符所对应的 ASCII 码的范围在英文字母的 ASCII 码的范围内即可。由于英文字母又分为大写字母和小写字母,因此此处用一个“逻辑或”表达式,表示 ch 中是小写字母或者大写字母,都能使得表达式成立,ch> = 97&&ch< = 122|| ch> = 65&&ch< = 90。需注意的是,对于本题区间所对应的逻辑表达式,不可写作 97< = ch< = 122,也不可写作‘A’< = ch < = ‘Z’。对于 97< = ch < = 122,因为在计算此表达式时的顺序是从左向右,因此先计算 97< = ch。无论 ch 中的取值如何,表达式 97< = ch 的值只有两种情况:0 或 1,所以无论是 0 还是 1,都小于 122,因此 97< = ch < = 122 恒成立。

第 2 空,判断 ch 中是否为空格,也是通过 ch 中字符与空格字符的 ASCII 码来判断。在判断表达式的值是否相等时,用关系符号 = =;不要用赋值符号 = 。

(5)

```
#include <stdio.h>
void main()
{
    int a=1,b=3,c=5;
    if (c==a+b)
        printf("yes\n");
    else
        printf("no\n");
}
```

运行结果为:

```
no
_
```

【分析】详见教材选择结构、关系符号和符号的优先级。= =表示判断符号两边的值是否相等;=表示将符号右边的值赋给左边的变量。本题考点是选择结构 3 种基本形式的第二种,选择结构三种一般形式中的"语句"皆为复合语句,复合语句要用{ }括起来,只有当复合语句中只包括一条语句时可以省略{ },此题即如此,因此两个 printf 操作没有加{ }若 c = =a+b 成立,则执行 printf("yes\n");否则(即 c = =a+b 不成立),执行 printf("no\n");+的优先级高于= =,因此先算 a+b,值为 4,表达式 5= =4 不成立,因此执行 printf("no\n");即输出字符串 no。

(6)

```
#include <stdio.h>
void main()
{
    int a=12,b=-34,c=56,min=0;
    min=a;
    if(min>b)
        min=b;
    if(min>c)
        min=c;
    printf("min=%d",min);
}
```

运行结果为:

```
min=-34_
```

【分析】本题考点是选择结构 3 种基本形式的第一种。一共包含了两个选择结构(两个 if 语句)定义变量,并赋值,此时 a=12, b=-34, c=56, min=0。将 a 中值拷贝,赋给 min,覆盖了 min 中的 0,此时 min 中的值被更新为 12。若 min>b 成立,则执行 min=b;若 min>c 成立,则执行 min=c;输出 min 中的值。12 大于-34,第一个 if 语句的表达式成立,因此执行 min=b;执行后 min 中的值被更新为-34。-34 小于 56,第二个 if 语句的表达式不成立,因此不执行 min=c;最后输出 min 中的值,为-34。

(7)

```
#include <stdio.h>
void main()
{
    int x=2,y=-1,z=5;
    if(x<y)
        if(y<0)
            z=0;
        else
            z=z+1;
    printf("%d\n",z);
}
```

运行结果为:

```
5
_
```

【分析】遇到选择结构,首先要明确条件表达式成立时执行哪些操作。本题中,第一个 if 语句,其后的复合语句没有大括号{ },说明复合语句中只包含一条语句,进而省略了{ }。内层的 if... else... 是选择结构的第二种基本形式,在结构上视为一条语句。因此内层的 if... else... 作为第一个 if 语句的复合语句。若表达式 x<y 成立,则继续判断,若 y<0,则执行

z=0;否则(即 y>=0),执行 z=z+1;输出 z。2>-1,表达式 x<y 不成立,因此不执行内层的 if…else…. 进而 z 中的值没有被改变。输出 z 中的值为 5。

(8)

```
#include <stdio.h>
void main()
{
    float a,b,c,t;
    a=3;
    b=7;
    c=1;
    if(a>b) {t=a;a=b;b=t;}
    if(a>c) {t=a;a=c;c=t;}
    if(b>c) {t=b;b=c;c=t;}
    printf("%5.2f,%5.2f,%5.2f",a,b,c);
}
```

运行结果为:

```
1.00, 3.00, 7.00_
```

【分析】详见教材数据的输出形式。本题包含了 3 个 if 语句,每个 if 语句后的{ }都不可省略,因为每个{ }中都包含了多条语句。若表达式 a>b 成立,则执行{t=a;a=b;b=t;}若表达式 a>c 成立,则执行{t=a;a=c;c=t;}若表达式 b>c 成立,则执行{t=b;b=c;c=t;}。输出 a,b,c 中的值,要求输出的每个数据宽度为 5 个空格,小数部分保留 2 位,数据右对齐。3 小于 7,因此表达式 a>b 不成立,因此不执行{t=a;a=b;b=t;}。3 大于 1,因此表达式 a>c 成立,则执行{t=a;a=b;b=t;}。第一句,将 a 中的 3 拷贝,粘贴到 t 中;第二句,将 c 中的 1 拷贝,粘贴到 a 中,覆盖掉先前的 3;第三句。将 t 中的 3 拷贝到 c 中,覆盖掉 c 中先前的 1。执行完复合语句后实现了 a,c 元素的值的互换,a 为 1,c 为 3,t 为 3。7 大于 c 中的 3,因此 b>c 成立,执行则执行{t=b;b=c;c=t;},过程同上,执行后 b 为 3,c 为 7,t 为 7。

(9)

```
#include <stdio.h>
void main()
{
    float c=3.0,d=4.0;
    if (c>d) c=5.0;
    else
        if (c==d)
            c=6.0;
        else
            c=7.0;
    printf("%.1f\n",c);
}
```

运行结果为:

```
7.0
_
```

【分析】此题为 if...else... 语句的嵌套,第二 if...else... 作为第一个 if...else... 语句 else 部分的复合语句。若表达式 c>d 成立,则执行 c=5.0;否则(表达式 c>d 不成立),若表达式 c==d 成立,则执行 c=6.0;否则,执行 c=7.0;输出 c 中的值。3.0 小于 4.0,因此表达式 c>d 不成立,执行第二个 if…else…,3.0 不等于 4.0,因此表达式 c==d 不成立,执行 c=7.0,将 7.0 赋给 c,覆盖掉 c 中的 3.0,此时 c 中的值为 7.0。输出此时的 c 中的值。

(10)

```
#include <stdio.h>
void main()
{
    int m;
    scanf("%d",&m);
    if (m>=0)
    {
        if (m%2==0)
            printf("%d is a positive even\n",m);
        else
            printf("%d is a positive odd\n",m);
    }else
    {
        if (m%2==0)
            printf("%d is a negative even\n",m);
        else
            printf("%d is a negative odd\n",m);
    }
}
```

若键入-9,则运行结果为:

```
-9
-9 is a negative odd
```

(11)方程求根

```
#include <math.h>
#include <stdio.h>
double f(double x)
{
    return x*x-x-2;
}
double root(double a,double b)
{
    double m=(a+b)/2, fo=f(a), x=0;
    if(fabs(f(m))<1e-6) x=________;
    else {
        if(fo*f(m)>0) a=m; else b=m; x=root(__________);
    }
    return x;
}
void main()
{
    printf("\n One root is %lf \n",root(1,4));
}
```

答案:第一个空填:m;第二个空填:a,b

4.2.3　分支与循环结构

(1)

```
#include<stdio.h>
void main( )
{
    char ch;
    ch=getchar();
    switch(ch)
    {
        case 'A': printf("%c",'A');
        case 'B': printf("%c",'B'); break;
        default: printf("%s\n","other");
    }
}
```

当从键盘输入字母 A 时,运行结果为:

```
A
AB
```

【分析】详见教材,switch 语句

```
switch(表达式)
{
    case 常量 1: 语句 1
    case 常量 2: 语句 2
        ⋮ ⋮ ⋮
    case 常量 n: 语句 n
    default: 语句 n+1
}
```

其中表达式,常量 1,…,常量 n 都为整型或字符型。case 相当于给出执行程序的入口和起始位置,若找到匹配的常量,则从此处开始往下执行程序,不再匹配常量,直至遇到 break 或 switch 结束。

本题过程:

首先从键盘接收一个字符‘A’并将其放在变量 ch 中。

执行 switch 语句。switch 后面的条件表达式为 ch,因此表达式的值即为字符‘A’。用字符‘A’依次与下面的 case 中的常量匹配。

与第 1 个 case 后的常量匹配,则从其后的语句开始往下执行程序(在执行过程中不再进行匹配。)因此先执行 printf("%c",' A');,屏幕上输出 A,再往下继续执行 printf("%c",' B');,屏幕上输出 B,再继续执行 break,此时跳出 switch 语句。

(2)

```
#include <stdio.h>
void main( )
{
```

```
    int a=1,b=0;
    scanf("%d",&a);
    switch(a)
    {
        case 1: b=1;break;
        case 2: b=2;break;
        default: b=10;
    }
    printf("%d ", b);
}
```

若键盘输入5,运行结果为:

```
10
```

【分析】首先用scanf函数为变量a赋值为5。执行switch语句。switch后面的条件表达式为a,因此表达式的值即为5。用5依次与下面case中的常量匹配。没有找到匹配的常量,因此两个case后的语句都不执行。执行default后面的语句b=10;将10赋给变量b。输出变量b,结果为10。

(3)

```
#include <stdio.h>
void main()
{
    char grade='C';
    switch(grade)
    {
        case 'A': printf("90-100\n");
        case 'B': printf("80-90\n");
        case 'C': printf("70-80\n");
        case 'D': printf("60-70\n"); break;
        case 'E': printf("<60\n");
        default : printf("error!\n");
    }
}
```

运行结果为:

```
70-80
60-70
_
```

【分析】首先变量grade赋值为C。执行switch语句。switch后面的条件表达式为grade,因此表达式的值即为字符'C'。用字符'C'依次与下面的case中的常量匹配。与第3个case后的常量匹配,则从其后的语句开始往下执行程序(在执行过程中不再进行匹配。)因此先执行printf("70-80\n");,屏幕上输出70-80,并换行;再往下继续执行printf("60-70\n");,屏幕上输出60-70,并换行;再继续执行break,此时跳出switch语句。

(4)

```
#include <stdio.h>
void main()
{
    int num=0;
    while(num<=2)
    {
        num++;
        printf("%d\n",num);
    }
}
```

运行结果为:

```
1
2
3
```

【分析】详见教材循环结构。当循环条件 num<=2 成立的时候,执行循环体{num++;printf("%d\n",num);}中的语句。循环初值 num 为 0,循环条件 num<=2 成立。

第 1 次循环:执行 num++;即将 num 中的值加 1,执行后 num 为 1;执行 printf("%d\n",num);在屏幕上输出 num 中的值,即输出 1,之后换行。此时 num 中的值为 1,循环条件 num<=2 成立。

第 2 次循环:执行 num++;即将 num 中的值加 1,执行后 num 为 2;执行 printf("%d\n",num);在屏幕上输出 num 中的值,即输出 2,之后换行。此时 num 中的值为 2,循环条件 num<=2 成立。

第 3 次循环:执行 num++;即将 num 中的值加 1,执行后 num 为 3;执行 printf("%d\n",num);在屏幕上输出 num 中的值,即输出 3,之后换行。此时 num 中的值为 3,循环条件 num<=2 不成立,结束循环。

(5)

```
#include <stdio.h>
void main()
{
    int sum=10,n=1;
    while(n<3)
    {
        sum=sum-n;
        n++;
    }
    printf("%d,%d",n,sum);
}
```

运行结果为:

```
3,7
```

【分析】当循环条件 n<3 成立的时候,执行循环体{sum = sum-n;n++;}中的语句。循环初值 sum 为 10,n 为 1;循环条件 n<3 成立。

第 1 次循环：执行 sum = sum-n = 10-1 = 9;执行 n++，即将 n 中的值加 1，执行后 n 为 2；此时 n 中的值为 2，sum 中的值为 9，循环条件 n<3 成立，继续执行循环。

第 2 次循环：执行 sum = sum-n = 9-2 = 7;执行 n++，即将 n 中的值加 1，执行后 n 为 3；输出此时 n，sum 中的值，即为 3，7。需要注意，在 printf("%d,%d",n,sum);中要求输出的数据彼此间用逗号间隔，因此结果的两个数据间一定要有逗号。

(6)

```
#include <stdio.h>
void main()
{
    int num,c;
    scanf("%d",&num);
    do
    {
        c=num%10;
        printf("%d",c);
    }while((num/=10)>0);
    printf("\n");
}
```

从键盘输入 23，则运行结果为：

```
23
32
```

【分析】详见教材循环结构，复合的赋值运算符，do{ }while(表达式);先无条件执行循环体，再判断循环条件。注意 while(表达式)后有分号。定义整型变量 num，c，为 num 赋一个整型值，执行{c = num%10;printf("%d",c);}直到循环条件(num/ = 10)>0 不成立，输出换行。已知为 num 赋值 23。

第 1 次执行循环体。执行 c = num%10 = 23%10 = 3;执行 printf("%d",c);输出 3。判断循环条件 num/ = 10 等价于 num = num/10；因此 num = 23/10 = 2，2 大于 0，因此循环条件(num/ = 10)>0 成立，继续执行循环体。执行完第 1 次循环时，num 为 2，c 为 3。

第 2 次执行循环体。执行 c = 2%10 = 2;执行 printf("%d",c);再输出 2。判断循环条件 num = 2/10 = 0，0 等于 0，因此循环条件(num/ = 10)>0 不成立。结束循环。

(7)

```
#include <stdio.h>
void main()
{
    int s=0,a=5,n;
    scanf("%d",&n);
    do {
        s+=1;
        a=a-2;
    }while(a!=n);
    printf("%d,%d\n",s,a);
}
```

若输入的值 1，运行结果为：

```
2,1
```

【分析】详见教材循环结构;复合的赋值运算符。执行{ s+ = 1;a = a-2;}直到循环条件 a! =n 不成立;已知为 n 赋值 1,s 为 0,a 为 5。

第 1 次执行循环体。执行 s+ = 1;等价于 s = s+1 = 0+1。执行 a = a-2;a = 5-2 = 3。判断循环条件 3 不等于 1,因此循环条件 a! =n 成立,继续执行循环体。执行完第 1 次循环时,s 为 1,a 为 3。

第 2 次执行循环体。执行 s+ = 1;等价于 s = s+1 = 1+1 = 2。执行 a = a-2;a = 3-2 = 1。判断循环条件 1 等于 1,因此循环条件 a! =n 不成立,结束循环。执行完第 2 次循环时,s 为 2,a 为 1。输出此时 s,a 中的值,结果为 2,1。

(8)

```
#include "stdio.h"
void main()
{
    char c;
    c=getchar();
    while(c!='?')
    {
        putchar(c);
        c=getchar();
    }
}
```

如果从键盘输入 abcde?fgh(回车)

运行结果为:

```
abcde
```

(9)

```
#include <stdio.h>
void main()
{
    char c;
    while((c=getchar())!='$')
    {
        if('A'<=c&&c<='Z')
            putchar(c);
        else if('a'<=c&&c<='z')
            putchar(c-32);
    }
}
```

当输入为 ab*AB%cd#CD $ 时,运行结果为:

```
ABABCDCD
```

(10)

```
#include <stdio.h>
void main()
{
    int x,y=0;
    for(x=1;x<=10;x++)
    {
        if(y>=10)
            break;
        y=y+x;
    }
    printf("%d   %d",y,x);
}
```

运行结果为:

```
10   5
```

【分析】详见教材 for 语句,break,continue 语句。

for(表达式 1;表达式 2;表达式 3)

{

}

①先求解表达式 1

②求解表达式 2,若其值为真,执行循环体,然后执行(3). 若为假,则结束循环,转到(5)

③求解表达式 3

④转回上面②继续执行

⑤循环结束,执行 for 语句下面的一个语句

break,跳出循环体;continue,结束本次循环(第 i 次循环),继续执行下一次循环(第 i+1 次循环)

此题表达式 1 为 x=1,表达式 2(循环条件)为 x<=10,表达式 3 为 x++。初值 x 为 1,y 为 0,循环条件(即表达式 2)x<=10 成立,进入循环体。

第 1 次循环。执行 if 语句。0 小于 10,if 语句的条件表达式不成立,不执行 break;执行 y=y+x;y=0+1=1。转向表达式 3,执行 x++;x=x+1=1+1=2。循环条件 x<=10 成立,进入第 2 次循环。

第 2 次循环。执行 if 语句。1 小于 10,if 语句的条件表达式不成立,不执行 break;执行 y=y+x;y=1+2=3。转向表达式 3,执行 x++;x=x+1=2+1=3。循环条件 x<=10 成立,进入第 3 次循环。

第 3 次循环。执行 if 语句。3 小于 10,if 语句的条件表达式不成立,不执行 break;执行 y=y+x;y=3+3=6。转向表达式 3,执行 x++;x=x+1=3+1=4。循环条件 x<=10 成立,进入第 4 次循环。

第 4 次循环。执行 if 语句。6 小于 10,if 语句的条件表达式不成立,不执行 break;执行 y=y+x;y=6+4=10。转向表达式 3,执行 x++;x=x+1=4+1=5。循环条件 x<=10 成立,进入第 5 次循环。

第 5 次循环。执行 if 语句。10 等于 10,if 语句的条件表达式成立,执行 break;跳出循环。从 break 跳出至 for 语句的下一条语句。执行 printf("%d %d",y,x);输出当前的 y 与 x 结果为 10 5。

(11)

```
#include <stdio.h>
void main()
{
    int y=9;
    for(;y>0;y--)
        if(y%3==0) { printf("%d",--y); }
}
```

运行结果为:

```
852
```

【分析】详见教材自增自减符号。此题表达式 1 被省略,表达式 2(循环条件)为 y>0,表达式 3 为 y--。初值 y 为 9,循环条件(即表达式 2)y>0 成立,进入循环体。

第 1 次循环。执行 if 语句。9%3==0,if 语句的条件表达式成立,执行 printf("%d",--y);即 y 先自减 1 变为 8,然后在输出,因此屏幕上输出 8。转向表达式 3,执行 y--,y=y-1=8-1=7。循环条件 y>0 成立,进入第 2 次循环。

第 2 次循环。执行 if 语句。7%3 不为 0,if 语句的条件表达式不成立,不执行 printf("%d",--y);。转向表达式 3,执行 y--,y=y-1=7-1=6。循环条件 y>0 成立,进入第 3 次循环。

第 3 次循环。执行 if 语句。6%3==0,if 语句的条件表达式成立,执行 printf("%d",--y);,即 y 先自减 1 变为 5,然后在输出,因此屏幕上输出 5。转向表达式 3,执行 y--,y=y-1=5-1=4。循环条件 y>0 成立,进入第 4 次循环。

第 4 次循环。执行 if 语句。4%3 不为 0,if 语句的条件表达式不成立,不执行 printf("%d",--y);。转向表达式 3,执行 y--,y=4-1=3。循环条件 y>0 成立,进入第 5 次循环。

第 5 次循环。执行 if 语句。3%3==0,if 语句的条件表达式成立,执行 printf("%d",--y);,即 y 先自减 1 变为 2,然后再输出,因此屏幕上输出 2。转向表达式 3,执行 y--,y=y-1=2-1=1。循环条件 y>0 成立,进入第 6 次循环。

第 6 次循环。执行 if 语句。1%3 不为 0,if 语句的条件表达式不成立,不执行 printf("%d",--y);。转向表达式 3,执行 y--,y=1-1=0。循环条件 y>0 不成立,循环结束。

(12)

```
#include <stdio.h>
void main()
{
    int i,sum=0;
    i=1;
    do{
        sum=sum+i;
        i++;
    }while(i<=10);
    printf("%d",sum);
}
```

运行结果为:

```
55
```

(13)

```
#include <stdio.h>
#define N 4
void main()
{
    int i;
    int x1=1,x2=2;
    printf("\n");
    for(i=1;i<=N;i++)
    {
        printf("%4d%4d",x1,x2);
        if(i%2==0)
            printf("\n");
        x1=x1+x2;
        x2=x2+x1;
    }
}
```

运行结果为:

```
   1   2   3   5
   8  13  21  34
```

【分析】此题首先为整型变量赋初值 x1=1,x2=2。表达式 1 为“i=1”,表达式 2(循环条件)为“i<=N”即 i<=4,表达式 3 为“i++”。循环变量初值 i 为 1,循环条件(即表达式 2)i<=4 成立,进入第 1 次循环。

第 1 次循环:执行 printf("%4d%4d",x1,x2);因此屏幕上输出 1　　2。

执行 if 语句。1%2 不为 0,if 语句的条件表达式不成立,不执行 printf("\n");

执行 x1=x1+x2=1+2=3,此时 x1 中的值已变为 3。

执行 x2=x2+x1=2+3=5。

转向表达式 3,执行 i++,i 为 2。循环条件 i<=4 成立,进入第 2 次循环。

第 2 次循环:执行 printf("%4d%4d",x1,x2);因此屏幕上输出 3　　5。

执行 if 语句。2%2==0,if 语句的条件表达式成立,执行 printf("\n");换行。

执行 x1=x1+x2=3+5=8;此时 x1 中的值已变为 8。

执行 x2=x2+x1=5+8=13。

转向表达式 3,执行 i++,i 为 3。循环条件 i<=4 成立,进入第 3 次循环。

第 3 次循环:执行 printf("%4d%4d",x1,x2);因此屏幕上输出 8　　13。

执行 if 语句。3%2 不为 0,if 语句的条件表达式不成立,不执行 printf("\n");

执行 x1=x1+x2=8+13=21,此时 x1 中的值已变为 21。

执行 x2=x2+x1=21+13=34。

转向表达式 3,执行 i++,i 为 4。循环条件 i<=4 成立,进入第 4 次循环。

第 4 次循环:执行 printf("%4d%4d",x1,x2);因此屏幕上输出 21　　34。

执行 if 语句。4%2==0，if 语句的条件表达式成立，执行 printf("\n");换行。

执行 x1=x1+x2=21+34=55，此时 x1 中的值已变为 55。

执行 x2=x2+x1=34+55=89。

转向表达式 3，执行 i++，i 为 5。循环条件 i<=4 不成立，结束循环。

(14)

```
#include <stdio.h>
void main( )
{
    int x,y;
    for(x=30,y=0;x>=10,y<10;x--,y++)
        x/=2,y+=2;
    printf("x=%d,y=%d\n",x,y);
}
```

运行结果为：

```
x=0,y=12
```

(15)

```
#include <stdio.h>
#define N 4
void main()
{
    int i,j;
    for(i=1;i<=N;i++)
    {
        for(j=1;j<i;j++)
            printf(" ");
        printf("*");
        printf("\n");
    }
}
```

运行结果为：

```
*
 *
  *
   *
```

【分析】详见教材符号常量。用宏指令定义符号常量 N 为 4，在编译过程中，遇到 N 即视为整数 4。外层 for 循环，表达式 1 为 i=1，表达式 2(循环条件)为 i<=N，表达式 3 为 i++。内层 for 循环，表达式 1 为 j=1，表达式 2(循环条件)为 j<i，表达式 3 为 j++。

首先计算外层循环的表达式 1，i 为 1，使得循环条件 i<=4 成立，进入外层 for 循环体。

外层 for 循环第 1 次(此时 i 为 1)

- 内层循环 j=1，使得循环条件 j<i 不成立，因此不执行内层循环体(不输出空格)
- 执行 printf("* ");
- 执行 printf("\n");换行
- 至此外层循环体执行完，计算外层循环的表达式 3 为 i++，此时 i 为 2. 使得循环条件

i<=4 成立,再次进入外层 for 循环体

外层 for 循环第 2 次(此时 i 为 2),内层循环 j=1,使得循环条件 j<i 成立

- 第 1 次执行内层循环体 printf(" ");
- 执行内层循环表达式 3,j++为 2,j<i 不成立,跳出内层循环
- 执行 printf("* ");
- 执行 printf("\n");换行
- 至此外层循环体执行完,计算外层循环的表达式 3 为 i++,此时 i 为 3. 使得循环条件 i<=4 成立,进入外层 for 循环体

外层 for 循环第 3 次(此时 i 为 3),循环 j=1,使得循环条件 j<i 成立

- 第 1 次执行内层循环体 printf(" ");
- 执行内层循环表达式 3,j++为 2,j<i 成立,再次执行内层循环
- 第 2 次执行内层循环体 printf(" ");
- 执行内层循环表达式 3,j++为 3,j<i 不成立,跳出内层循环
- 执行 printf("* ");
- 执行 printf("\n");换行
- 至此外层循环体执行完,计算外层循环的表达式 3 为 i++,此时 i 为 4。使得循环条件 i<=4 成立,进入外层 for 循环体,外层 for 循环第 4 次(此时 i 为 4)

内层循环 j=1,使得循环条件 j<i 成立

- 第 1 次执行内层循环体 printf(" ");
- 执行内层循环表达式 3,j++为 2,j<i 成立,再次执行内层循环
- 第 2 次执行内层循环体 printf(" ");
- 执行内层循环表达式 3,j++为 3,j<i 成立,再次执行内层循环
- 第 3 次执行内层循环体 printf(" ");
- 执行内层循环表达式 3,j++为 4,j<i 不成立,跳出内层循环
- 执行 printf("* ");
- 执行 printf("\n");换行

至此外层循环体执行完,计算外层循环的表达式 3 为 i++,此时 i 为 5. 使得循环条件 i<=4 不成立,跳出外层 for 循环体。

(16)下列程序的功能是从输入的整数中,统计大于零的整数个数和小于零的整数个数。用输入 0 来结束输入,用 i,j 来放统计数,请填空完成程序。

```
#include <stdio.h>
void main()
{
   __int______ n,i=0,j=0;
    printf("input a integer,0 for end\n");
    scanf("%d",&n);
    while  ( __n或n!=0__ ){
        if(n>0) i=___i+1____;
        else  j=j+1;
        scanf("%d",&n);
    }
    printf("i=%4d,j=%4d\n",i,j);
}
```

【分析】此题用 i 来记录大于零的整数,用 j 记录小于零的整数。所以循环条件是 n(或者 n! =0)即当 n 不为 0 时执行循环体。在循环体中是一个选择语句。如果 n>0,则令 i 加 1,相当于令正整数的个数加 1;否则(即 n<0),令 j 加 1,相当于令负整数的个数加 1。

(17)编程计算 1+3+5+……+101 的值。

```
#include <stdio.h>
void main()
{
    int i, sum = 0;
    for (i = 1; ___i<=101___ ; ___i=i+2___ )
        sum = sum + i;
    printf("sum=%d\n", sum);
}
```

【分析】表达式 1 为 i =1,为循环变量赋初值,即循环从 1 开始,本题从 1 到 101,因此终值是 101,表达式 2 是循环条件,用来控制循环的结束,因此循环条件为 i<=101 表达式 3 为循环变量的自增。

(18)以下程序对一组点坐标(x,y)按升序进行排序。要求:先按 x 的值排序,若 x 的值相同,则按 y 的值排序。排序算法为选择法。

```
#include <stdio.h>
#define N 5
typedef struct { int x,y; }POINT;
void point_sort(_____ *x, int n)
{
    POINT t; int i,j,k;
    for(i=0; i<n-1; i++)
    {
        __________;
        for(j=______; j<n; j++)
            if((x[k].x)>(x[j].x)) k=j;
            else if (________&&x[k].y>x[j].y) k=j;
            if(k!=i) t=x[i], x[i]=x[k], x[k]=t;
    }
}
void main()
{
    POINT a[N]={0};
    int i=0;
    while(i<N)
    {
        scanf("%d%d",&a[i].x,&a[i].y);i++;
    }
    point_sort(a,N);
    for(i =0; i <N; i ++)
        printf("\n %d, %d",a[i].x,a[i].y);
}
```

【分析】本题考点:选择排序和结构体应用。

答案:POINT,k=i,i+1,x[k].x==x[j].x

(19)以下程序按结构成员 grade 的值从大到小对结构数组 pu 的全部元素进行排序,并输出经过排序后的 pu 数组全部元素的值,排序算法为选择法。

```
#include <stdio.h>
__________ struct
{
    int id;
    int grade;
}STUD;
void main()
{
    STUD pu[10]={{1,4},{2,9},{3,1},{4,5},{5,3},
    {6,2},{7,8},{8,6},{9,5},{10,2}},temp;
    int i,j,k;
    for(i=0;i<9;i++)
    {
        k=__________;
        for(j=i+1;j<10;j++)
            if(__________) k=j;
            if(k!=i)
            {
                temp=pu[i];
                pu[i]=pu[k];
                pu[k]=temp;
            }
    }
    for(i=0;i<10;i++)
        printf("\n %2d: %d",pu[i].id,pu[i].grade);
    printf("\n");
}
```

【分析】本题考点:选择排序和结构体应用。

答案:typedef,i,pu[j]. grade>pu[k]. grade

4.2.4　数组

(1)已知:int　a[10];则对 a 数组元素的正确引用是(　D　)。

A. a[10]　　B. a[3. 5]　　C. a(5)　　D. a[0]

【分析】数组元素的引用,数组名[下标]。引用数组元素时,[ ]中的下标为逻辑地址下标,只能为整数,可以为变量,且从 0 开始计数。int a[10]表示定义了一个包含 10 个整型数据的数组 a,数组元素的逻辑地址下标范围为 0~9,即 a[0]表示组中第 1 个元素,a[1]表示组中第 2 个元素,a[2]表示组中第 3 个元素,……a[9]表示组中第 10 个元素。选项 A,超过了数组 a 的逻辑地址下标范围。选项 B,逻辑地址下标只能为整数。选项 C,逻辑地址下标只能放在[ ]中。

(2)对二维数组的正确定义是(　C　)

A. int a[ ] [ ] = {1,2,3,4,5,6};　　B. int a[2] [ ] = {1,2,3,4,5,6};

C. int a[ ] [3] = {1,2,3,4,5,6};　　D. int a[2,3] = {1,2,3,4,5,6};

【分析】二维数组的定义、初始化。类型符　数组名 [常量表达式][常量表达式]。二维数组可以看作是矩阵。类型符是指数组中数组元素的类型;数组名要符合标识符命名规则;第一个常量表达式是指数组的行数;第二个常量表达式是指数组的列数。常量表达式的值只能是整数,不可以是变量,而且从 1 开始计数。一维数组初始化时可以省略数组长度。二维数组初始化时可以省略行数,但不能省略列数。选项 A、B 都省略了列数。选项 D,不符合二维数组定义的一般形式,行、列常量表达式应该放在不同的[ ]中。

(3)已知 char x[ ] = "hello" ,y[ ] = {'h','e','a','b','e'};则关于两个数组长度的正确描述是＿B＿.

A. 相同　　B. x 大于 y

C. x 小于 y　　D. 以上答案都不对

【分析】C 语言中,字符串后面需要一个结束标志位'\0',通常系统会自动添加。对一维数组初始化时可采用字符串的形式(例如本题数组 x),也可采用字符集合的形式(例如本题数组 y)。在以字符串形式初始化时,数组 x 不仅要存储字符串中的字符,还要存储字符串后的结束标志,因此数组 x 的长度为 6。在以字符集合形式初始化时,数组 y,仅存储集合中的元素,因此数组 y 长度为 5。

(4)

```
#include <stdio.h>
void main()
{
    int i, a[10];
    for(i=9;i>=0;i--)
        a[i]=10-i;
    printf("%d%d%d",a[2],a[5],a[8]);
}
```

运行结果为:

```
852
```

【分析】首先定义整型变量 i,整型数组 a,a 的长度为 10,即 a 中包含 10 个整型元素(整型变量)。执行 for 循环语句。初值 i=9,使得循环条件 i>=0 成立,执行循环体。

第 1 次循环,执行 a[i]=10-i 等价于 a[9]=10-9=1,计算表达式 3,即 i--,i 为 8,使得循环条件 i>=0 成立,继续执行循环体。

第 2 次循环,执行 a[i]=10-i 等价于 a[8]=10-8=2,计算表达式 3,即 i--,i 为 7,使得循环条件 i>=0 成立,继续执行循环体。

第 3 次循环,执行 a[i]=10-i 等价于 a[7]=10-7=3,计算表达式 3,即 i--,i 为 6,使得循环条件 i>=0 成立,继续执行循环体。

第 4 次循环,执行 a[i]=10-i 等价于 a[6]=10-6=4,计算表达式 3,即 i--,i 为 5,使得循环条件 i>=0 成立,继续执行循环体。

第 5 次循环,执行 a[i]=10-i 等价于 a[5]=10-5=5,计算表达式 3,即 i--,i 为 4,使得循环条件 i>=0 成立,继续执行循环体。

第 6 次循环,执行 a[i]=10-i 等价于 a[4]=10-4=6,计算表达式 3,即 i--,i 为 3,使得循环条件 i>=0 成立,继续执行循环体。

第 7 次循环,执行 a[i]=10-i 等价于 a[3]=10-3=7,计算表达式 3,即 i--,i 为 2,使得循环条件 i>=0 成立,继续执行循环体。

第 8 次循环,执行 a[i]=10-i 等价于 a[2]=10-2=8,计算表达式 3,即 i--,i 为 1,使得循环条件 i>=0 成立,继续执行循环体。

第 9 次循环,执行 a[i]=10-i 等价于 a[1]=10-1=9,计算表达式 3,即 i--,i 为 0,使得循环

条件 i>=0 成立,继续执行循环体。

第 10 次循环,执行 a[i]=10-i 等价于 a[0]=10-0=10,计算表达式 3,即 i--,i 为-1,使得循环条件 i>=0 不成立,跳出循环体。

(5)

```
#include <stdio.h>
void main()
{
    int i,a[6];
    for (i=0; i<6; i++)
    a[i]=i;
    for (i=5;i>=0;i--)
        printf("%3d",a[i]);
}
```

运行结果为:

```
  5  4  3  2  1  0
```

【分析】首先定义整型变量 i,整型数组 a,a 的长度为 6,即 a 中包含 6 个整型元素(整型变量)。执行第一个 for 循环语句,初值 i=0,使得循环条件 i<6 成立,执行循环体。

第 1 次循环,执行 a[i]=i 等价于 a[0]=0,计算表达式 3,即 i++,i 为 1,使得循环条件 i<6 成立,继续执行循环体。

第 2 次循环,执行 a[i]=i 等价于 a[1]=1,计算表达式 3,即 i++,i 为 2,使得循环条件 i<6 成立,继续执行循环体。

第 3 次循环,执行 a[i]=i 等价于 a[2]=2,计算表达式 3,即 i++,i 为 3,使得循环条件 i<6 成立,继续执行循环体。

第 4 次循环,执行 a[i]=i 等价于 a[3]=3,计算表达式 3,即 i++,i 为 4,使得循环条件 i<6 成立,继续执行循环体。

第 5 次循环,执行 a[i]=i 等价于 a[4]=4,计算表达式 3,即 i++,i 为 5,使得循环条件 i<6 成立,继续执行循环体。

第 6 次循环,执行 a[i]=i 等价于 a[5]=5,计算表达式 3,即 i++,i 为 6,使得循环条件 i<6 不成立,结束循环。

执行第二个 for 循环语句,初值 i=5,使得循环条件 i>=0 成立,执行循环体。

第 1 次循环,执行 printf("%3d",a[i]);即输出 a[5]的值,计算表达式 3,即 i--,i 为 4,使得循环条件 i>=0 成立,继续执行循环体。

第 2 次循环,执行 printf("%3d",a[i]);即输出 a[4]的值,计算表达式 3,即 i--,i 为 3,使得循环条件 i>=0 成立,继续执行循环体。

第 3 次循环,执行 printf("%3d",a[i]);即输出 a[3]的值,计算表达式 3,即 i--,i 为 2,使得循环条件 i>=0 成立,继续执行循环体。

第 4 次循环,执行 printf("%3d",a[i]);即输出 a[2]的值,计算表达式 3,即 i--,i 为 1,使得循环条件 i>=0 成立,继续执行循环体。

第 5 次循环,执行 printf("%3d",a[i]);即输出 a[1]的值,计算表达式 3,即 i--,i 为 0,使得循环条件 i>=0 成立,继续执行循环体。

第 6 次循环,执行 printf("%3d",a[i]);即输出 a[0]的值,计算表达式 3,即 i--,i 为 6,使得循环条件 i>=0 不成立,结束循环。

(6)

```
#include <stdio.h>
void main( )
{
    int i,k,a[10],p[3];
    k=5;
    for(i=0;i<10;i++)
        a[i]=i;
    for(i=0;i<3;i++)
        p[i]=a[i*(i+1)];
    for(i=0;i<3;i++)
        k+=p[i]*2;
    printf("%d\n",k);
}
```

运行结果为:

```
21
```

【分析】首先定义整型变量 i,k,整型数组 a,a 的长度为 10,整型数组 p,p 的长度为 3。k 初值为 5。

第一个 for 循环语句为数组 a 进行初始化,执行完第一个 for 语句后,a[0]=0,a[1]=1,a[2]=2,a[3]=3,a[4]=4,a[5]=5,a[6]=6,a[7]=7,a[8]=8,a[9]=9。

第二个 for 循环语句为数组 p 进行初始化,初值 i=0,使得循环条件 i<3 成立,执行循环体。

第 1 次循环,执行 p[i]=a[i* (i+1)];即 p[0]=a[0*(0+1)]=a[0]=0,计算表达式 3,即 i++,i 为 1,使得循环条件 i<3 成立,继续执行循环体。

第 2 次循环,执行 p[i]=a[i* (i+1)];即 p[1]=a[1*(1+1)]=a[2]=2,计算表达式 3,即 i++,i 为 2,使得循环条件 i<3 成立,继续执行循环体。

第 3 次循环,执行 p[i]=a[i* (i+1)];即 p[2]=a[2*(2+1)]=a[6]=6,计算表达式 3,即 i++,i 为 3,使得循环条件 i<3 不成立,结束循环。

第三个 for 循环语句,初值 i=0,使得循环条件 i<3 成立,执行循环体。

第 1 次循环,执行 k+=p[i]* 2;即 k=5+p[0]*2=5+0=5,计算表达式 3,即 i++,i 为 1,使得循环条件 i<3 成立,继续执行循环体。

第 2 次循环,执行 k+=p[i]* 2;即 k=5+p[1]*2=5+2*2=9,计算表达式 3,即 i++,i 为 2,使得循环条件 i<3 成立,继续执行循环体。

第 1 次循环,执行 k+=p[i]* 2;即 k=9+p[2]*2=9+6*2=21,计算表达式 3,即 i++,i 为 3,使得循环条件 i<3 不成立,结束循环。

(7)

```
#include <stdio.h>
int m[3][3]={{1},{2},{3}};
int n[3][3]={1,2,3};
void main( )
{
```

```
    printf("%d,",m[1][0]+n[0][0]);
    printf("%d\n",m[0][1]+n[1][0]);
}
```

运行结果为:

```
3,0
_
```

【分析】首先定义整型二维数组 m,m 为 3 行 3 列的二维矩阵,并对其以行的形式初始化

m[0][0]=1　m[0][1]=0　m[0][2]=0

m[1][0]=2　m[1][1]=0　m[1][2]=0

m[2][0]=3　m[2][1]=0　m[2][2]=0

定义整型二维数组 n,n 为 3 行 3 列的二维矩阵

n[0][0]=1　n[0][1]=2　n[0][2]=3

n[1][0]=0　n[1][1]=0　n[1][2]=0

n[2][0]=0　n[2][1]=0　n[2][2]=0

因此m[1][0]+n[0][0]=2+1=3

　m[0][1]+n[1][0]=0+0=0

(8)

```
#include <stdio.h>
void main()
{
    int i;
    int x[3][3]={1,2,3,4,5,6,7,8,9};
    for (i=1; i<3; i++)
    printf("%d  ",x[i][3-i]);
}
```

运行结果为:

```
6  8
```

【分析】首先按存储顺序为数组 x 初始化

x[0][0]=1　x[0][1]=2　x[0][2]=3

x[1][0]=4　x[1][1]=5　x[1][2]=6

x[2][0]=7　x[2][1]=8　x[2][2]=9

初值 i=1,使得循环条件 i<3 成立,执行循环体。

第 1 次循环,执行 printf("%d ",x[i][3-i]);,打印出 x[i][3-i],即 x[1][2]的值,计算表达式 3,即 i++,i 为 2,使得循环条件 i<3 成立,继续执行循环体。

第 2 次循环,执行 printf("%d ",x[i][3-i]);,打印出 x[i][3-i],即 x[2][1]的值,计算表达式 3,即 i++,i 为 3,使得循环条件 i<3 成立,结束循环。

(9)

```
#include <stdio.h>
void main()
{
```

```
    int n[3][3],i,j;
    for (i=0;i<3;i++)
    {
        for(j=0;j<3;j++)
        {
            n[i][j]=i+j;
            printf("%d  ",n[i][j]);
        }
        printf("\n");
    }
}
```

运行结果为：

```
0  1  2
1  2  3
2  3  4
```

【分析】循环变量 i 为 0，循环条件 i<3 成立，执行循环体。外层 for 第 1 次循环，相当于输出第 1 行。

内层 for 循环 j 初值为 0，循环条件 j<3 成立，执行循环体

内层 for 第 1 次循环

执行 n[i][j]=i+j;即 n[0][0]=0+0=0；

执行 printf("%d ",n[i][j]);

执行内层循环表达式 3，j++，j 为 1，j<3 成立，继续执行内层循环体

内层 for 第 2 次循环。

执行 n[i][j]=i+j;即 n[0][1]=0+1=1；

执行 printf("%d ",n[i][j]);

执行内层循环表达式 3，j++，j 为 2，j<3 成立，继续执行内层循环体

内层 for 第 3 次循环

执行 n[i][j]=i+j;即 n[0][2]=0+2=2；

执行 printf("%d ",n[i][j]);

执行内层循环表达式 3，j++，j 为 3，j<3 不成立，结束内层循环

执行 printf("\n");

执行外层 for 语句的表达式 3，i++，i 为，1，i<3 成立，继续执行外层循环体

外层 for 第 2 次循环，相当于输出第 2 行

内层 for 循环 j 初值为 0，循环条件 j<3 成立，执行循环体

内层 for 第 1 次循环

执行 n[i][j]=i+j;即 n[1][0]=1+0=1；

执行 printf("%d ",n[i][j]);

执行内层循环表达式 3，j++，j 为 1，j<3 成立，继续执行内层循环体

内层 for 第 2 次循环

执行 n[i][j]=i+j;即 n[1][1]=1+1=2；

执行 printf("%d ",n[i][j]);

执行内层循环表达式 3,j++,j 为 2,j<3 成立,继续执行内层循环体

内层 for 第 3 次循环

执行 n[i][j]=i+j;即 n[1][2]=1+2=3;

执行 printf("%d ",n[i][j]);

执行内层循环表达式 3,j++,j 为 3,j<3 不成立,结束内层循环

执行 printf("\n");

执行外层 for 语句的表达式 3,i++,i 为 1,i<3 成立,继续执行外层循环体

外层 for 第 2 次循环,相当于输出第 3 行

内层 for 循环 j 初值为 0,循环条件 j<3 成立,执行循环体

内层 for 第 1 次循环

执行 n[i][j]=i+j;即 n[2][0]=2+0=1;

执行 printf("%d ",n[i][j]);

执行内层循环表达式 3,j++,j 为 1,j<3 成立,继续执行内层循环体

内层 for 第 2 次循环

执行 n[i][j]=i+j;即 n[2][1]=2+1=2;

执行 printf("%d ",n[i][j]);

执行内层循环表达式 3,j++,j 为 2,j<3 成立,继续执行内层循环体

内层 for 第 3 次循环

执行 n[i][j]=i+j;即 n[2][2]=2+2=3;

执行内层循环表达式 3,j++,j 为 3,j<3 不成立,结束内层循环

执行 printf("\n");

执行外层 for 语句的表达式 3,i++,i 为,3,i<3 不成立,结束外层循环

(10)

```
#include <stdio.h>
void main()
{
    char diamond[][5]={
        {' ',' ','*'},
        {' ','*',' ','*'},
        {'*',' ',' ',' ','*'},
        {' ','*',' ','*'},
        {' ',' ','*'}
    };
    int i,j;
    for(i=0;i<5;i++)
    {
        for(j=0;j<5;j++)
            printf("%c",diamond[i][j]);
        printf("\n");
    }
}
```

运行结果为:

```
  *
 * *
*   *
 * *
  *
```

(11)

```
#include <stdio.h>
void main( )
{
    int i, f[10];
    f[0]=f[1]=1;
    for(i=2;i<10;i++)
        f[i]=f[i-2]+f[i-1];
    for(i=0;i<10;i++)
    {
        if(i%4==0)
            printf("\n");
        printf("%d  ",f[i]);
    }
}
```

运行结果为:

```
1  1  2  3
5  8  13  21
34  55
```

(12)

```
#include "stdio.h"
void func(int b[])
{
    int j;
    for(j=0;j<4;j++)
        b[j]=j;
}
void main()
{
    int a[4], i;
    func(a);
    for(i=0;i<4;i++)
        printf("%2d",a[i]);
}
```

运行结果为:

```
 0 1 2 3
```

【分析】定义函数 func,函数头:未定义函数的类型,则系统默认为 int 型。函数 func 的形参为整型数组名,即只接收整型数组地址。函数体:定义整型变量 j。

循环变量初值(表达式 1)j=0,使得循环条件(表达式 2)j<4 成立,执行循环体。

第 1 次循环,执行 b[j]=j;即 b[0]=0;执行循环变量自增(及表达式 3)j++,j 为 1,使得

j<4 成立,继续执行循环体。

第 2 次循环,b[1]=1;j++,j 为 2,使得 j<4 成立,继续执行循环体。

第 3 次循环,b[2]=2;j++,j 为 3,使得 j<4 成立,继续执行循环体。

第 4 次循环,b[3]=3;j++,j 为 4,使得 j<4 不成立,结束循环。

main 函数:定义整型变量 i 和数组 a,其长度为 4,func(a);表示调用函数 func,并以数组名 a 作为调用的实参(注:数组名在 C 语言中表示数组所在内存空间的首地址,在以数组名作为实参时,形参与实参共用存储空间,因此对数组 b 的操作,即对数组 a 的操作。)

(13)以下程序运行时输出第一行是________,第二行是________。

```
#include <string.h>
int convert(char s1[],char s2[])
{
    int i=0,j,s;
    char tab[8][4]={"000","001","010","011","100","101","110","111"};
    for(i=0,j=0; s1[i]!='\0'; i++,j=j+3)
        strcpy(&s2[j],tab[s1[i]-'0']);
    for(i=0,s=0;i<strlen(s2); i++)
        s=s*2+s2[i]-'0';
    return s;
}
void main()
{
    char ss1[]="15",ss2[80];
    int y;
    y=convert(ss1,ss2);
    printf("%d\n%s",y,ss2);
}
```

运行结果是:

```
13
001101
```

【分析】本程序将八进制数字组成的字符串 ss1 转换成二进制字符串和十进制数。

(14)函数 loop(s,m,n,str)的功能是:对字符串 str 中,从下标为 s 的字符开始的所有间隔为 m 的字符进行循环左移,即:str[s]←s[s+m],str[s+m]←s[s+3m],str[s+2m]←s[s+3m],…,str[s+(k-1)m]←s[s+km],str[s+km]←s[s](k 为整数,下标 s+km 不越界),共做 n 次。例如,调用 loop(1,2,1,str)前后 str 中数据的变化情况如下:str 中初始数据:ABCDEFGHIJK 移位后 str 数据:AFCHEJGBIDK。

```
#include <stdio.h>
#include <string.h>
void loop(int s,int m,int n, char *str);
void main()
{
    char buf[81];
    strcpy(buf,"ABCDEFGHIJK");
    puts(buf);
    loop(1,2,2,buf);
    puts(buf);
}
void loop(int s,int m,int n, char *str)
{
```

```
    char c; int k,i,len;
    len=strlen(str);
    for(i=0; i<n; i++)
    {
        k=________;
        c=str[k];
        while(k+m<________)
        {
            str[k]=str[k+m];
            k=________;
        }
        __________=c;
    }
}
```

答案:s,len,k+m,str[k]

(15)以下程序运行时输出结果是________。

```
#include <stdio.h>
void main()
{
    char *s, *s1="Here";
    s=s1;
    while(*s1) s1++;
    printf("%d\n",s1-s);
}
```

运行结果是:

```
4
```

【分析】本程序是求指针 s1 所指向的字符串的长度。

(16)以下程序运行时输出结果的第一行为________,第二行为________。

```
#include <stdio.h>
#include <string.h>
int process(char *s1,char *s2, char *s3)
{
    int i=0,j=0,len1=strlen(s1),len2=strlen(s2),len3=0;
    for(i=0; i<len1; i++)
    {
        for(j=0; j<len2; j++)
            if(s1[i]==s2[i]) break;
        if (j>=len2) s3[len3++]=s1[i];
    }
    s3[len3]='\0';
    return len1-len3;
}
void main()
{
    char s1[]="bilker",s2[]="lr",s3[20];
    int n;
    n=process(s1,s2,s3);
    puts(s3);
    printf("\n%d",n);
}
```

【分析】本程序中的函数 process()完成的功能是:将字符串 s1 中有而 s2 中无的字符放入

s3 中。并返回在 s1 中有且 s2 中也有的字符个数。

运行结果是：

```
bilker
0
```

(17)以下程序中函数 str_count 的功能是:统计字符串 s2 在字符串 s1 中出现的次数并得到第一次出现的位置。子串出现的次数通过指针型形参变量返回给调用函数,函数返回值为子串第一次出现的位置下标。main 函数中输出这些信息。

```
#include <stdio.h>
#include <string.h>
int str_count(char s1[], char s2[], int *count)
{
    int i=0,j=0, flag=0, len1, len2, pos=0, ct=0;
    char tmp[100];
    len1=strlen(s1);
    len2=strlen(s2);
    while(i<=len1-len2)
    {
        for(j=0; j<len2; j++) //依次从s1中取与s2长度相同的字符串
        tmp[j]=s1[i+j];
        tmp[j]='\0';
        if(__________)
        {
            if(flag==0)
            {
                pos=i;
                flag=1;
            }
            ct++;
            i=i+j;
        }
        else ___________;
    }
    *count=ct;
    return pos;
}
void main()
{
    char s1[]="habcdefabcdghij",s2[]="abc";
    int count=0, first=0;
    first=str_count(s1,s2, ________);
    if (count)
        printf("%s appears %d times in %s.\n first pos is %d.\n",s2,count,s1,first);
    else
        printf("%s not be found in %s!\n",s2,s1);
}
```

【分析】str_count( )函数算法中,依次从 s1 中取与 s2 长度相同的字符串放入 tmp 字符串中,将 s2 与 tmp 进行比较,如果相等则存下位置,计数器 ct++,开始位置后移 i=i+j。

答案:strcmp(s2,tmp)= =0,i=i+1,&count

4.2.5　函数

(1)

```
#include<stdio.h>
void func(int x)
{
```

```
    x=10;
    printf("%d, ",x);
}
void main( )
{
    int x=20;
    func(x);
    printf("%d",x);
}
```

运行结果是:

```
10, 20
```

【分析】在 main 函数中调用函数 func,main 函数将 20 作为实参传给 func,并转向开始执行 func。

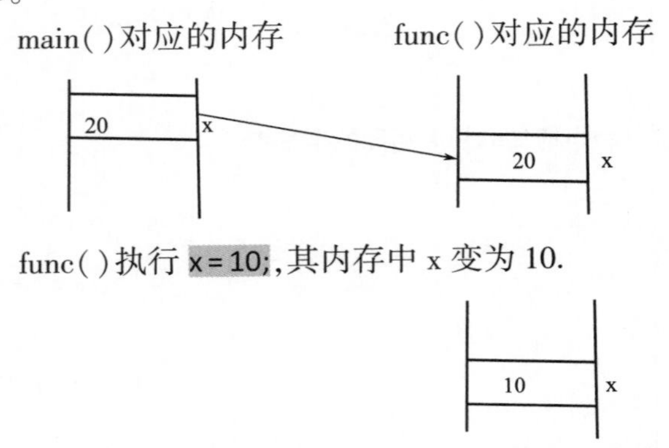

func( )执行 x = 10;,其内存中 x 变为 10.

func( )执行 printf("%d,",x);即输出 func 函数对应内存中 x 的值,输出的是 10。至此,func 函数执行结束,返回 main 函数。main 函数执行 printf("%d",x);此时输出 main 函数对应内存中的 x,即 20。

(2)

```
#include <stdio.h>
int m=4;
int func(int x,int y)
{
    int m=1;
    return(x*y-m);
}
void main()
{
    int a=2,b=3;
    printf("%d\n",m);
    printf("%d\n",func(a,b)/m);
}
```

运行结果是:

```
4
1
```

【分析】整型变量 m 在函数外定义,因此 m 为全局变量,其作用于范围为其定义位置开始,一直到整个程序结束。因此 func 与 main 函数都可以访问 m。

程序首先执行 main 函数:

- 执行 printf("%d \n",m);即输出 m 中的值 4,并换行
- 执行 printf("%d \n",func(a,b)/m);即输出表达式 func(a,b)/m 的值
- 需要调用函数 func。此时 main 将 a,b 中的 2 和 3 值作为实参传递给 func 的 x 和 y,程序开始转向执行 func 函数,此时 func 中的 x 为 2,y 为 3
- 执行 int m=1;此句定义了一个局部变量 m 并赋值为 1 。m 的作用域为其所在的复合语句,即 func 的函数体,因此在 func 的函数体中有限访问局部变量 m
- 执行 return(x* y-m);即 return(2 * 3-1)返回的是整数 5
- func 函数返回至 main 函数中的被调用处,main 函数中 func(a,b)的值为 5,func(a,b)/m=5/4=1

【注意】在 main 函数中访问的 m 为全局变量 m,此时 main 函数无法访问 func 中的 m,因为不在 func 中 m 的作用域。

(3)

```
#include <stdio.h>
int fun(int a, int b)
{
    if(a>b) return(a);
    else return(b);
}
void main()
{
    int x=15, y=8, r;
    r=fun(x,y);
    printf("r=%d\n", r);
}
```

运行结果是:

```
r=15
```

【分析】程序首先执行 main 函数。执行 r=fun(x,y);即将 fun(x,y)的值赋给 r,为了计算该表达式,需要调用函数 fun。此时 main 将 x,y 中的 15 和 8 值作为实参传递给 fun 的 a 和 b。程序开始转向执行 fun 函数,此时 fun 中的 a 为 15,b 为 8,执行 if 语句。判断 if 后面的表达式,a>b 成立,因此执行相应的操作 return(a);即返回 a 的值。fun 函数返回至 main 函数中的被调用处,main 函数中 fun(x,y)的值为 15,即将 15 赋给 r。执行 printf("r = %d \n",r);即输出 r=15。

(4)

```
#include <stdio.h>
unsigned func(unsigned num)
{
    unsigned k=1;
    do
    {
        k*=num%10;
        num/=10;
```

```
    }while(num);
    return k;
}
void main()
{
    unsigned n=26;
    printf("%d\n",func(n));
}
```

运行结果是:

```
12
```

【分析】程序首先执行 main 函数。执行 printf("%d \n",funcn));即输出表达式 func(n)的值,为了计算该表达式,需要调用函数 func。此时 main 将 n 中的 26 作为实参传递给 func 的 num,程序开始转向执行 func 函数,此时 func 中的 num 为 26,执行 do-while 语句。

第 1 次循环

执行 k* =num%10;即 k=k * (num%10)= 1 * (26%10)= 6

执行 num/=10;即 num=num/10=26/10=2

while 后面循环条件为 num,此时 num 为 2,是非 0 值,即表示循环条件成立,继续执行循环体。此时 k 为 6。

第 2 次循环

执行 k* =num%10;即 k=k * (num%10)= 6 * (2%10)= 12

执行 num/=10;即 num=num/10=2/10=0

while 后面循环条件为 num,此时 num 为 0,表示循环条件不成立,结束循环执行 return k;返回至 main 函数中的被调用处。

执行 main 函数,继续执行 printf("%d \n",func(n));即输出 12。

(5)

```
#include <stdio.h>
int max(int x, int y);
void main()
{
    int a,b,c;
    a=7;b=8;
    c=max(a,b);
    printf("Max is %d",c);
}
int max(int x, int y)
{
    int z;
    z=x>y? x : y;
    return(z) ;
}
```

运行结果是:

```
Max is 8
```

(6)

```
#include <stdio.h>
add(int *p, int n)
{
    if(n==1) return *p;
    else return *p+add(p+1,n-1);
}
void main()
{
    int s, p[9]={1,2,3,4,5,6,7,8,9};
    printf("\n%d", add(p,5));
}
```

运行结果是:

```
15
```

【分析】本题是递归应用问题。

(7)

```
#include <stdio.h>
#include <string.h>
void fun(int n, int *s)
{
    int f1,f2;
    if(n==1||n==2) *s=1;
    else
    {
        fun(n-1,&f1);
        fun(n-2, &f2);
        *s=2*f1+f2+1;
        printf("\n%d,%d",f1,f2);
    }
}
void main()
{
    int x;
    fun(4,&x);
    printf("\n x=%d",x);
}
```

程序运行时输出的第一行是________,第二行是________,最后一行是________。

运行结果是:

```
1,1
4,1
 x=10
```

(8)以下程序输出结果是________

```
#include <stdio.h>
fun(int n)
{
```

```
    if(n==1) return 1;
    return n-fun(n-1);
}
void main()
{
    printf("%d", fun(5));
}
```

运行结果是:

```
3
```

(9)以下程序实现将 a 数组中后 8 个元素从大到小排序的功能

```
#include <stdio.h>
#include <string.h>
void sort(int *x, int n);
void main()
{
    int a[12]={5,3,7,4,2,9,8,32,54,21,6,43}, k;
    sort(______, 8);
    for(k=0; k<12; k++)
        printf("%d",a[k]);
}
void sort(int *x, int n)
{
    int j,t;
    if(n==1) return;
    for(j=1; j<n; j++)
        if(_______)
        {
            t=x[0];
            x[0]=x[j];
            x[j]=t;
        }
        sort(x+1, ________);
}
```

本题结合了冒泡排序法,第一个空填:a+4;第二个空填:x[0]<x[j];第三个空填:n-1

(10)以下程序运行时第一行输出________,第二行输出________。

```
#include <stdio.h>
void rev(int *p, int n)
{
    int t;
    if(n>1)
    {
        t=p[0];
        p[0]=p[n-1];
        p[n-1]=t;
        rev(p+1,n-2);
    }
}
void main()
{
    int j,a[5]={1,2,3,4,5};
    rev(a+1,4);
```

```
    for(j=0; j<5; j++)
        printf("%d",a[j]);
    printf("\n");
    rev(a,3);
    for(j=0; j<5; j++)
        printf("%d",a[j]);
}
```

运行结果是：

```
15432
45132
```

(11)

```
#include <stdio.h>
num(int n)
{
    if(n==0) return 1;
    return num(n-1)*2+1;
}
numlist(int *p, int n)
{
    int i;
    for(i=0; i<n; i++)
        p[i]=num(i);
}
void main()
{
    int a[3][3],i,j;
    numlist(&a[0][0],9);
    for(i=0; i<3; i++)
    {
        for(j=0; j<3; j++)
            printf("%d,", a[i][j]);
        printf("\n");
    }
}
```

程序运行结果是：

```
1,3,7,
15,31,63,
127,255,511,
```

(12)

```
#include <stdio.h>
long func(long x)
{
    if(x<100) return x%10;
    else return func(x/100)*10+x%10;
}
void main()
{
```

```
    printf("The result is : %ld \n",func(132645));
}
```

运行结果是:

```
The result is : 365
```

(13)

```
#include <stdio.h>
void fun(int *p1, int *p2);
void main()
{
    int i, a[6]={1,2,3,4,5,6};
    fun(a,a+5);
    for(i=0; i<5; i++)
        printf("%2d",a[i]);
}
void fun(int *p1, int *p2)
{
    int t;
    if(p1<p2)
    {
        t=*p1;
        *p1=*p2;
        *p2=t;
        fun(p1+=2, p2-=2);
    }
}
```

运行结果是:

```
 6 2 4 3 5
```

(14)

```
#include <stdio.h>
void f(int a[], int n, int x, int *c);
void main()
{
    int a[10]={1,3,5,2,3,5,3,7,4,1},t=0;
    f(a,10,5,&t);
    printf("%d",t);
}
void f(int a[], int n, int x, int *c)
{
    if(n==0) return;
    if(a[0]>=x) (*c)++;
    f(a+1,n-1,x,c);
}
```

运行结果是:

```
3
```

(15)2004 年春填空题第 14 题

如果一个两位整数是质数,将组成它的两个数字交换位置后形成的整数仍为质数,则称这样的数为绝对质数。例如,13 就是一个绝对质数。以下程序用于找出所有两位绝对质数。

```
#include <stdio.h>
int a_prime(int n)
{
    int j,k,m[2];
    m[0]=n; m[1]=________;
    for(j=0; j<2; j++)
        for(k=m[j]/2; k>1; k--)
            if(__________) return 0;
            return 1;
}
void main()
{
    int i;
    for(i=10;i<100;i++)
        if(a_prime(i)) printf("%d  ",i);
}
```

答案:n/10+n%10 * 10,m[j]%k==0

【分析】本题是穷举法

(16)2004 年秋填空题第 16 题

定理:对于任意一个正整数都可以找到至少一串连续奇数,它们的和等于该正整数的立方。例如,33=27=7+9+11,43=64=1+3+5+7+9+11+13+15。以下程序用[2,20]之间的所有正整数验证该定理。

```
#include <stdio.h>
void main()
{
    long n,i,k,j,p,sum;
    for(n=2; n<=20; n++)
    {
        k=n*n*n;
        for (i=1; i<k/2; i+=2)
        {
            for(j=i,sum=0; __________; j+=2)
                sum+=j;
            if(sum==k)
            {
                printf("\n %ld*%ld*%ld = %ld=",n,n,n,sum);
                for(p=i; p<__________; p+=2)
                    printf("%ld+",p);
                printf("%ld",p);
                break;
            }
        }
        if(i>=k/2) printf("\n Error!");
    }
}
```

答案:sum<k,j-2

(17)2005 年春填空题第 16 题

以下程序的功能是:寻找并输出 11 至 999 之间所有的整数 m,满足条件 m、m^2、m^3 均为回文数(所谓回文数,是指其各位数字左右对称的整数。例如,121、12321 都是回文数)。

```
#include <stdio.h>
int f(long n)
{
    int i=0,j=0,a[10];
    while(n!=0) {
        a[j++]=n%10; n=_________;
    }
    j--;
    while(_________) {
        if(a[i]==a[j]) i++,j--;
        else return 0;
    }
    return 1;
}
void main()
{
    long m;
    for(m=11; m<1000; m++)
        if(f(m)&&f(m*m)&&f(m*m*m))
            printf("m=%ld,m*m=%ld,m*m*m=%ld\n",m,m*m,m*m*m);
}
```

【分析】函数 f( )主要完成的功能是:判断 n 是否是回文数,如果是返回 1,否则返回 0。算法实现方式:将整数 n 的各位数字存放到整型数组 a[10]中,再对数组下标为 0 的元素与最后一个元素进行对比,如果相同,再对比下标为 1 的元素与倒数第二个元素是否相等,依次类推,如果全部相同,则为回文数。

【答案】n/10,i<j

4.2.6 指针

(1)下列不正确的定义是(　A　)。

A. int * p=&i,i;　　B. int * p,i;　　C. int i,* p=&i;　　D. int i,* p;

【分析】选项 A 先定义一个整型指针变量 p,然后将变量 i 的地址赋给 p。然而此时还未定义变量 i 因此编译器无法获得变量 i 的地址。(A 与 C 对比,选项 C 先定义变量 i,则在内存中为 i 分配空间,因此 i 在内存空间的地址就可以确定了;然后再定义 p,此时可以为 p 赋 i 的地址,C 正确)

(2)若有说明:int n=2, * p=&n, * q=p,则以下非法的赋值语句是:(　D　)

A. p=q　　B. * p= * q　　C. n= * q　　D. p=n

【分析】p,q 同为整型指针变量,二者里面仅能存放整型变量的地址。

选项 A,q 中为地址,因此可将此地址赋给 p。

选项 B, * p 表示 p 所指向对象 n 的内容,即一个整数; * q 表示 q 所指向对象的内容,由于在定义 q 时为其初始化,将 p 中 n 的地址给 q,因此 p 中存放 n 的地址, * q 表示 q 所指向对象 n 的内容. 因此 * p= * q 相当于 n=n。

选项 C,n= * q 等价于 n=n。

选项 D,p 中只能存放地址,不能将 n 中的整数值赋给 p。

(3)有语句:int a[10];则__B__是对指针变量 p 的正确定义和初始化。

A. int p= * a;　　B. int * p=a;　　C. int p=&a;　　D. int * p=&a;

【分析】

选项A,a是数组名,不是指针变量名,因此不可用＊标注数组名a。

选项C,a是数组名,数组名就是地址,无须再用地址符号。而且在定义指针变量p时,应在变量名前加＊,标明p是指针变量。

选项D,a是数组名,数组名就是地址,无须再用地址符号。

(4)若有说明语句 int a[5],* p=a;,则对数组元素的正确引用是(C)。

A. a[p]　　B. p[a]　　C. ＊(p+2)　　D. p+2

【分析】首先定义一个整型数组a,a的长度为5,然后定义一个指针变量p,并同时对p进行初始化,将数组a的地址赋给p。因此此时p中存放的数组a的首地址,即数组中第一个元素a[0]的地址。对于数组元素下标的引用:一般形式,数组名[下标],其中下标为逻辑地址下标,从0开始计数,方括号中的下标可以是变量,可以是表达式,但结果一定要是整数。

选项A,p中存放的是地址,不是整数,不能做数组元素的下标。

选项B,a是数组名,数组名就是地址,不是整数,不能做数组元素的下标。

选项C,p+2表示指向同一数组中的下两个元素的地址,当前p指向a[0],则p+2表示a[2]的地址,因此＊(p+2)表示a[2]的内容。

(5)有如下程序:

int　a[10]={1,2,3,4,5,6,7,8,9,10},*　P=a;

则数值为9的表达式是<u>　B　</u>

A. ＊P+9　　B. ＊(P+8)　　C. ＊P+=9　　D. P+8

【分析】首先定义一个整型数组a,a的长度为5,然后定义一个指针变量P,并同时对P进行初始化,将数组a的地址赋给P。因此此时P中存放的数组a的首地址,即数组中第一个元素a[0]的地址。数组中9对应的是a[8],选项B,P+8表示数组中后8个元素的地址,即a[8]的地址。＊(P+8)则表示该地址内所存放的内容,即a[8]的值。

选项A,＊P表示P所指向对象的内容,此时P指向a[0],＊P即a[0]的值1。＊P+9=1+9=10。

选项C,＊P表示P所指向对象的内容,此时P指向a[0],＊P即a[0]的值。因此＊P+=9即＊P ＝＊P+9,等价于a[0]=a[0]+9。

选项D,P+8表示数组中后8个元素的地址,即a[8]的地址,而非a[8]中的值。

(6)

```
#include <stdio.h>
void main ()
{
    int x[]={10,20,30,40,50};
    int *p;
    p=x;
    printf("%d",*(p+2));
}
```

运行结果是:

```
30
```

【分析】首先定义一个整型数组x,x的长度为5。然后定义一个指针变量p,对p进行初始化,将数组 x 的地址赋给 p。因此此时 p 中存放的数组 x 的首地址,即数组中第一个元素 x[0]的地址。然后执行 printf 语句,输出表达式 *(p+2)的值。p+2 表示以 p 当前指向的位置之后第 2 个元素的地址,即 a[2]的地址。*(p+2)则表示该地址内所存放的内容,即 a[2]的值 30,因此输出 30。

(7)

```
#include <stdio.h>
void main( )
{
    char s[]="abcdefg";
    char *p;
    p=s;
    printf("ch=%c\n",*(p+5));
}
```

运行结果是:

```
ch=f
```

【分析】首先定义一个字符型数组 s,并用字符串 abcdefg 对 s 进行初始化。然后定义一个字符型指针变量 p,对 p 进行初始化,将数组 s 的地址赋给 p。因此此时 p 中存放的数组 s 的首地址,即数组中第一个元素 s[0]的地址。然后执行 printf 语句,输出表达式 *(p+5)的值。p+5 表示以 p 当前指向的位置之后第 5 个元素的地址,即 a[5]的地址。*(p+5)则表示该地址内所存放的内容,即 a[5]的值 f,因此输出 ch=f。

(8)

```
#include<stdio.h>
void main ( )
{
    int a[]={1,2,3,4,5};
    int x, y, *p;
    p=a;
    x=*(p+2);
    printf("%d: %d \n",*p,x);
}
```

运行结果是:

```
1: 3
```

【分析】首先定义一个整型数组 a,并对 a 进行初始化。然后定义整型变量 x、y,整型指针变量 p。再将数组 a 的地址赋给 p。因此此时 p 中存放的数组 a 的首地址,即数组中第一个元素 a[0]的地址。执行 x=* (p+2);p+2 表示以 p 当前所指向的位置之后第 2 个元素的地址,即 a[2]的地址,*(p+2)则表示该地址内所存放的内容,即 a[2]的值 3。然后再把 3 赋给 x,然后执行 printf 语句,先输出表达式 *p 的值。此时 *p 表示的是 p 所指向变量的内容,即 a[0]的值 1,再输出一个冒号,然后再输出 x 中的值 3。

(9)

```
#include<stdio.h>
void main()
{
```

```
    int arr[]={30,25,20,15,10,5},*p=arr;
    p++;
    printf("%d\n",*(p+3));
}
```

运行结果是:

```
10
```

【分析】首先定义一个整型数组 arr,并对 arr 进行初始化。然后定义整型指针变量 p。再将数组 arr 的地址赋给 p。因此此时 p 中存放的数组 arr 的首地址,即数组中第一个元素 a[0]的地址。

执行 p++;即 p=p+1。p+1 表示以 p 当前所指向的位置之后第 1 个元素的地址,即 arr[1]的地址,然后再将 arr[1]的地址赋给 p,执行完此语句后,p 不再指向 arr[0],而是指向 arr[1]。

然后执行 printf 语句,输出表达式 *(p+3)的值。p+3 表示以 p 当前指向的位置(此时 p 指向 arr[1])之后第 3 个元素的地址,即 arr[4]的地址。*(p+3)则表示该地址内所存放的内容,即 arr[4]的值 10,因此输出 10。

(10)

```
#include <stdio.h>
char s[]="ABCD";
void main()
{
    char *p;
    for(p=s;p<s+4;p++)
        printf("%c %s\n",*p,p);
}
```

运行结果是:

```
A ABCD
B BCD
C CD
D D
```

【分析】首先定义一个字符型数组 s,并对 s 进行初始化。数组 s 是全局变量,其有效范围从其定义开始至整个程序结束。

执行 main 函数。

定义一个字符型指针 p。

执行 for 语句 p=s 为表达式 1,将数字 s 的首地址赋给 p,表达式 2(循环条件)p<s+4,表达式 3 为 p++,即 p=p+1。

第 1 次执行循环体。

- 执行 printf("%c %s\n",* p,p);即以字符%c 形式输出 * p 所对应的字符。此时 p 指向数组中的第 1 个元素,即 s[0],因此 * p 表示 a[0]中的值,即'A',然后再以字符串%s 的形式输出以 p 中地址为首地址的整个字符串,即输出 ABCD。
- 执行完循环体,转向执行表达式 3,即 p=p+1。p+1 表示以 p 当前所指向的位置之后 1

个元素的地址，即 s[1]的地址，然后将 a[1]的地址赋给 p。

- s[1]的地址等价于 s+1，因此循环条件 p<s+4 成立，继续执行循环体。

第 2 次执行循环体。

- 执行 printf("%c %s\n",* p,p);即以字符%c 形式输出 * p 所对应的字符。此时 p 指向数组中的第 2 个元素，即 s[1]，因此 * p 表示 s[1]中的值，即'B'，然后再以字符串%s 的形式输出以 p 中地址为首地址的整个字符串，此时 p 指向 s[1]，即从 s[1]开始，依次输出后面的字符串，因此又输出 BCD。
- 执行完循环体，转向执行表达式 3，即 p=p+1。p+1 表示以 p 当前所指向的位置起始，之后 1 个元素的地址，即 s[2]的地址，然后将 a[2]的地址赋给 p。
- s[2]的地址等价于 s+2，因此循环条件 p<s+4 成立，继续执行循环体。

第 3 次执行循环体。

- 执行 printf("%c %s\n",* p,p);即以字符%c 形式输出 * p 所对应的字符。此时 p 指向数组中的第 3 个元素，即 s[2]，因此 * p 表示 s[2]中的值，即'C'，然后再以字符串%s 的形式输出以 p 中地址为首地址的整个字符串，此时 p 指向 s[2]，即从 s[2]开始，依次输出后面的字符串，因此又输出 CD。
- 执行完循环体，转向执行表达式 3，即 p=p+1。p+1 表示以 p 当前所指向的位置起始，之后 1 个元素的地址，即 s[2]的地址，然后将 s[2]的地址赋给 p。
- s[2]的地址等价于 s+3，因此循环条件 p<s+4 成立，继续执行循环体。

第 4 次执行循环体。

- 执行 printf("%c %s\n",* p,p);即以字符%c 形式输出 * p 所对应的字符。此时 p 指向数组中的第 4 个元素，即 s[3]，因此 * p 表示 s[3]中的值，即'D'，然后再以字符串%s 的形式输出以 p 中地址为首地址的整个字符串，即输出 D。
- 执行完循环体，转向执行表达式 3，即 p=p+1。p+1 表示以 p 当前所指向的位置起始，之后 1 个元素的地址，即 s[3]的地址，然后将 s[3]的地址赋给 p。
- s[3]的地址等价于 s+4，因此循环条件 p<s+4 不成立，结束循环。

(11)

```
#include<stdio.h>
void main( )
{
    static char a[]="Program",*ptr;
    for(ptr=a;ptr<a+7;ptr+=2)
        putchar(*ptr);
}
```

运行结果是：

```
Porm
```

【分析】首先定义一个字符型数组 a，并对 a 进行初始化。然后定义字符型指针变量 p，执行 for 语句 ptr=a 为表达式 1，将数字 a 的地址赋给 ptr，表达式 2(循环条件)ptr<a+7，表达式 3 为 ptr+=2，即 ptr=ptr+2。

第 1 次执行循环体。

- 执行 putchar(* ptr);即输出 * ptr 所对应的字符。此时 ptr 指向数组中的第 1 个元素，即

a[0],因此 * ptr 表示 a[0]中的值,即‘P’。

● 执行完循环体,转向执行表达式 3,即 ptr=ptr+2。ptr+2 表示以 ptr 当前所指向的位置之后第 2 个元素的地址,即 a[2]的地址,然后将 a[2]的地址赋给 ptr。a[2]的地址等价于 a+2,因此循环条件 ptr<a+7 成立,继续执行循环体。

第 2 次执行循环体。

● 执行 putchar(* ptr);即输出 * ptr 所对应的字符。此时 ptr 指向数组中的第 3 个元素,即 a[2],因此 * ptr 表示 a[2]中的值,即‘o’。

● 执行完循环体,转向执行表达式 3,即 ptr=ptr+2。ptr+2 表示以 ptr 当前所指向的位置之后第 2 个元素的地址,即 a[4]的地址,然后将 a[4]的地址赋给 ptr。a[4]的地址等价于 a+4,因此循环条件 ptr<a+7 即 a+4<a+7 成立,继续执行循环体。

第 3 次执行循环体。

● 执行 putchar(* ptr);即输出 * ptr 所对应的字符。此时 ptr 指向数组中的第 5 个元素,即 a[4],因此 * ptr 表示 a[4]中的值,即‘r’。

● 执行完循环体,转向执行表达式 3,即 ptr=ptr+2。ptr+2 表示以 ptr 当前所指向的位置之后第 2 个元素的地址,即 a[6]的地址,然后将 a[6]的地址赋给 ptr。a[6]的地址等价于 a+6,因此循环条件 ptr<a+7 即 a+6<a+7 成立,继续执行循环体。

第 4 次执行循环体。

● 执行 putchar(* ptr);即输出 * ptr 所对应的字符。此时 ptr 指向数组中的第 7 个元素,即 a[6],因此 * ptr 表示 a[6]中的值,即‘m’。

● 执行完循环体,转向执行表达式 3,即 ptr=ptr+2。ptr+2 表示以 ptr 当前所指向的位置起始,之后第 2 个元素的地址,即 a[8]的地址,然后将 a[8]的地址赋给 ptr。a[6]的地址等价于 a+8,因此循环条件 ptr<a+7 即 a+8<a+7 不成立,结束循环。

(12)

```
#include <stdio.h>
void main()
{
    int a[]={1,2,3,4,5,6};
    int x,y,*p;
    p=&a[0];
    x=*(p+2);
    y=*(p+4);
    printf("*p=%d, x=%d, y=%d\n",*p,x,y);
}
```

运行结果是:

```
*p=1, x=3, y=5
```

【分析】首先定义一个整型数组 a,并对 a 进行初始化。然后定义整型变量 x,y,整型指针变量 p,再将数组元素 a[0]的地址赋给 p。

执行 x = * (p+2);p+2 表示以 p 当前所指向的位置之后第 2 个元素的地址,即 a[2]的地址。*(p+2)则表示该地址内所存放的内容,即 a[2]的值 3,然后再把 3 赋给 x。

执行 y = * (p+4);p+4 表示以 p 当前所指向的位置之后第 4 个元素的地址,即 a[4]的地址。*(p+4)则表示该地址内所存放的内容,即 a[4]的值 5,然后再把 5 赋给 y。

执行 printf 语句,先输出表达式 * p 的值。此时 * p 表示的是 p 所指向变量的内容,即 a[0]的值 1,再输 x 的值 3,再输出 y 的值 5。

(13)设有一个线性单链表的结点定义如下:

```
struct node { int d;struct node *  next;};
```

函数 int copy_dellist(struct node * head,int x)的功能是:将 head 指向的单链表中存储的所有整数从小到大依次复制到 x 指向的整形数组中并撤销该链表。函数返回复制到 x 数组中的整数个数。算法:找出链表中数值最小的结点,将其值存储到 x 数组中,再将该结点从链表中删除,重复以上操作直到链表为空为止。

```
int copy_dellist(struct node *head, int x)
{
    struct noe *pk, *pj, *pm, *pn; int data, k=0;
    while(head!=0)
    {
        pk=head; data=pk->d; pn=pk;
        while(________!=0)
        {
            pj=pk->next;
            if(________<data)
            {
                data-pj->d; pm=pk; pn=pj;
            }
            pk=pj;
        }
        x[k++]=pn->d;
        if(__________) pm->next=pn->next;
        else head=pn->next; free(pn);
    }
    ______________;
}
```

答案:pk->next　　pj->d　　pn! =head　　return k

(14)设某链表上每个结点的数据结构为:

```
typedef struct node
{
  int d;struct node *  next;
}NODE;
```

函数 NODE * invert(NODE * head)的功能是:将 head 指向的单链表逆置,即原链表最后一个结点变为第一个结点,原来倒数第二个结点变成第二个结点,以此类推。在逆置过程中不建立新的链表。

```
NODE *invert(NODE *head)
{
    NODE *p, *q, *r;
    if(head==0||__________) return head;
    p=head; q=p->next;
    while(q!=0)
    {
        r=__________; q->next=p; p=q; q=r;
    }
```

```
        ________=0; head=________;
        return head;
}
```

答案:head->next = = 0,　　q->next,　　head->next,　　p

(15)以下程序运行时输出结果的第一行是______,第二行是______,第三行是______。

```
#include <stdio.h>
#include <stdlib.h>
typedef struct node
{
    int d; struct node *next;
}NODE;
NODE *insert(NODE *head, int x, int key)
{
    NODE *s, *p, *q;
    s=(NODE *)malloc(sizeof(NODE));
    s->d=key; s->next=NULL;
    if(head==NULL)
    {
        head=s; return head;
    }
    if(head->d==x)
    {
        s->next=head; head=s; return head;
    }
    else
    {
        q=head; p=q->next;
        while((p->d!=x)&&(p->next!=NULL))
        {
            q=p; p=p->next;
        }
        if(p->d==x)
        {
            s->next=p; q->next=s;
        }
        else
        {
            s->next=NULL; p->next=s;
        }
        return head;
    }
}
void print(NODE *head)
{
    if(head==NULL) return;
    while(head->next!=NULL)
    {
        printf("%d,",head->d); head=head->next;
    }
    printf("%d\n",head->d);
}
void main()
{
    NODE *head=NULL;
```

```
    head=insert(head,0,3);
    print(head);
    head=insert(head,3,1);
    print(head);
    head=insert(head,4,5);
    print(head);
}
```

运行结果是:

```
3
1,3
1,3,5
```

4.2.7　结构体

```
#include<stdio.h>
struct st
{
    int x;
    int y;
} a[2]={5,7,2,9};
void main()
{
    printf("%d\n",a[0].y*a[1].x);
}
```

运行结果是:

```
14
```

【分析】首先是定义结构体 st,st 中共有两个整型成员 x,y。然后定义一个 st 类型的数组 a,a 的长度为 2,即数组中含有两个 st 类型的元素,分别是 a[0]和 a[1]。对 a 进行初始化,此题是按照储存顺序进行初始化,即将 5 赋给 a[0]中的 x(即 a[0].x=5),将 7 赋给 a[0]中的 y(即 a[0].y=7),将 2 赋给 a[1]中的 x(即 a[1].x=2),将 9 赋给 a[1]中的 y(即 a[1].y=9)。执行 main 函数,输出表达式 a[0].y＊a [1].x 的值,即 7＊2 的值。

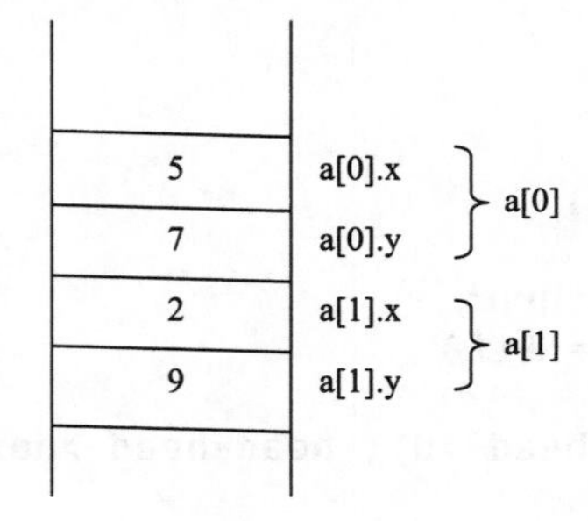

4.2.8　其他

(1)#define N 3 #define Y(n)((N+1)* n)则执行语句 z=2* (N+Y(5+1));后,z 的值是________。答案:替换时原样替换后的式子为:z=2＊(3+((3+1)＊5+1))。

【分析】宏替换只是原样替换。

(2)

```
#include <stdio.h>
#define ADD(x,y) x+y
void main()
{
    int a=15,b=10,c=20,d=5;
    printf("%d\n",ADD(a,b)/ADD(c,d));
}
```

上面程序输出结果为 20 。

4.3 理论模拟试题

(考试时间 90 分钟,满分 100 分)

一、选择题((1)—(10)、(21)—(40)每题 2 分,(11)—(20)每题 1 分,共 70 分)

1. 下列关于栈叙述正确的是

A. 栈顶元素最先能被删除　　B. 栈顶元素最后才能被删除

C. 栈底元素永远不能被删除　　D. 以上三种说法都不对

2. 下列叙述中正确的是

A. 有一个以上根结点的数据结构不一定是非线性结构

B. 只有一个根结点的数据结构不一定是线性结构

C. 循环链表是非线性结构

D. 双向链表是非线性结构

3. 某二叉树共有 7 个结点,其中叶子结点只有 1 个,则该二叉树的深度为(假设根结点在第 1 层)

A. 3　　B. 4　　C. 6　　D. 7

4. 在软件开发中,需求分析阶段产生的主要文档是

A. 软件集成测试计划　　B. 软件详细设计说明书

C. 用户手册　　D. 软件需求规格说明书

5. 结构化程序所要求的基本结构不包括

A. 顺序结构　　B. GOTO 跳转

C. 选择(分支)结构　　D. 重复(循环)结构

6. 下面描述中错误的是

A. 系统总体结构图支持软件系统的详细设计

B. 软件设计是将软件需求转换为软件表示的过程

C. 数据结构与数据库设计是软件设计的任务之一

D. PAD 图是软件详细设计的表示工具

7. 负责数据库中查询操作的数据库语言是

A. 数据定义语言　　B. 数据管理语言　　C. 数据操纵语言　　D. 数据控制语言

8. 一个教师可讲授多门课程,一门课程可由多个教师讲授。则实体教师和课程间的联

系是

A. 1∶1 联系　B. 1∶m 联系　C. m∶1 联系　D. m∶n 联系

9. 有三个关系 R、S 和 T 如下：

R

A	B	C
a	1	2
b	2	1
c	3	1

S

A	B
c	3

T

C
1

则由关系 R 和 S 得到关系 T 的操作是

A. 自然连接　B. 交　C. 除　D. 并

10. 定义无符号整数类为 Uint，下面可以作为类 Uint 实例化值的是

A. −369　B. 369

C. 0.369　D. 整数集合{1,2,3,4,5}

11. 计算机高级语言程序的运行方法有编译执行和解释执行两种，以下叙述中正确的是

A. C 语言程序仅可以编译执行

B. C 语言程序仅可以解释执行

C. C 语言程序既可以编译执行又可以解释执行

D. 以上说法都不对

12. 以下叙述中错误的是

A. C 语言的可执行程序是由一系列机器指令构成的

B. 用 C 语言编写的源程序不能直接在计算机上运行

C. 通过编译得到的二进制目标程序需要连接才可以运行

D. 在没有安装 C 语言集成开发环境的机器上不能运行 C 源程序生成的 .exe 文件

13. 以下选项中不能用作 C 程序合法常量的是

A. 1,234　B. '123'　C. 123　D. "\x7G"

14. 以下选项中可用作 C 程序合法实数的是

A. 1e0　B. 3.0e0.2　C. E9　D. 9.12E

15. 若有定义语句：int a=3,b=2,c=1;以下选项中错误的赋值表达式是

A. a=(b=4)=3;　B. a=b=c+1;

C. a=(b=4)+c;　D. a=1+(b=c=4);

16. 有以下程序段

```
char name[20];
int num;
scanf("name=%s num=%d",name;&num);
```

当执行上述程序段，并从键盘输入：name=Lili num=1001<回车>后，name 的值为

A. Lili　B. name=Lili

C. Lili num=　D. name=Lili num=1001

17. if 语句的基本形式是：if(表达式)语句，以下关于"表达式"值的叙述中正确的是

A. 必须是逻辑值　B. 必须是整数值

C. 必须是正数　　D. 可以是任意合法的数值

18. 有以下程序

```
#include<stdio.h>
void main()
{
    int x=011;
    printf("%d\n",++x);
}
```

程序运行后的输出结果是

A. 12　　B. 11　　C. 10　　D. 9

19. 有以下程序

```
#include<stdio.h>
void main()
{
    int s;
    scanf("%d",&s);
    while(s>0)
    {
        switch(s)
        {
        case 1:printf("%d",s+5);
        case 2:printf("%d",s+4); break;
        case 3:printf("%d",s+3);
        default:printf("%d",s+1);break;
        }
        scanf("%d",&s);
    }
}
```

运行时,若输入 1 2 3 4 5 0<回车>,则输出结果是

A. 6566456　　B. 66656　　C. 66666　　D. 6666656

20. 有以下程序段

```
int i,n;
for(i=0;i<8;i++)
{
    n=rand()%5;
    switch (n)
    {
    case 1:
    case 3:printf("%d\n",n); break;
    case 2:
    case 4:printf("%d\n",n); continue;
    case 0:exit(0);
    }
    printf("%d\n",n);
}
```

以下关于程序段执行情况的叙述,正确的是

A. for 循环语句固定执行 8 次

B. 当产生的随机数 n 为 4 时结束循环操作

C. 当产生的随机数 n 为 1 和 2 时不做任何操作

D. 当产生的随机数 n 为 0 时结束程序运行

21. 有以下程序

```
#include <stdio.h>
void main()
{
    char s[]="012xy\08s34f4w2";
    int i,n=0;
    for(i=0;s[i]!=0;i++)
        if(s[i]>='0'&&s[i]<='9') n++;
        printf("%d\n",n);
}
```

程序运行后的输出结果是

A. 0　　B. 3　　C. 7　　D. 8

22. 若 i 和 k 都是 int 类型变量,有以下 for 语句

for(i=0,k=-1;k=1;k++)printf(" * * * * * \n");

下面关于语句执行情况的叙述中正确的是

A. 循环体执行两次　　B. 循环体执行一次

C. 循环体一次也不执行　　D. 构成无限循环

23. 有以下程序

```
#include <stdio.h>
void main()
{
    char b,c; int i;
    b='a'; c='A';
    for(i=0;i<6;i++)
    {
        if(i%2) putchar(i+b);
        else putchar(i+c);
    }
    printf("\n");
}
```

程序运行后的输出结果是

A. ABCDEF　　B. AbCdEf　　C. aBcDeF　　D. abcdef

24. 设有定义:double x[10], * p=x;以下能给数组 x 下标为 6 的元素读入数据的正确语句是

A. scanf("%f",&x[6]);　　B. scanf("%lf", * (x+6));

C. scanf("%lf",p+6);　　D. scanf("%lf",p[6]);

25. 有以下程序(说明:字母 A 的 ASCII 码值是 65)

```
#include <stdio.h>
void fun(char *s)
{
    while(*s)
    {
        if(*s%2) printf("%c",*s);
        s++;
    }
```

```
}
void main()
{
    char a[]="BYTE";
    fun(a); printf("\n");
}
```

程序运行后的输出结果是

A. BY　　B. BT　　C. YT　　D. YE

26. 有以下程序段

```
#include <stdio.h>
void main()
{
    //…
    while( getchar()!='\n');
    //…
}
```

以下叙述中正确的是

A. 此 while 语句将无限循环

B. getchar( )不可以出现在 while 语句的条件表达式中

C. 当执行此 while 语句时,只有按回车键程序才能继续执行

D. 当执行此 while 语句时,按任意键程序就能继续执行

27. 有以下程序

```
#include <stdio.h>
void main()
{
    int x=1,y=0;
    if(!x) y++;
    else if(x==0)
        if (x) y+=2;
        else y+=3;
    printf("%d\n",y);
}
```

程序运行后的输出结果是

A. 3　　B. 2　　C. 1　　D. 0

28. 若有定义语句:char s[3][10],(* k)[3], * p;则以下赋值语句正确的是

A. p=s;　　B. p=k;　　C. p=s[0];　　D. k=s;

29. 有以下程序

```
#include <stdio.h>
void fun(char *c)
{
    while(*c)
    {
        if (*c>='a'&&*c<='z')
            *c=*c-('a'-'A');
        c++;
    }
```

```
}
void main()
{
    char s[81];
    gets(s);
    fun(s);
    puts(s);
}
```

当执行程序时从键盘上输入 Hello Beijing<回车>,则程序的输出结果是

A. hello beijing　　　　B. Hello Beijing

C. HELLO BEIJING　　　　D. hELLO Beijing

30. 以下函数的功能是:通过键盘输入数据,为数组中的所有元素赋值。

```
#include <stdio. h>
#define N 10
void fun(int x[N])
{int i=0;
while(i<N) scanf("%d",);
}
```

在程序中下划线处应填入的是

A. x+i　　　　B. &x[i+1]

C. x+(i++)　　　　D. &x[++i]

31. 有以下程序

```
#include <stdio.h>
void main()
{
    char a[30],b[30];
    scanf("%s",a);
    gets(b);
    printf("%s\n %s\n",a,b);
}
```

程序运行时若输入:how are you? I am fine<回车>

则输出结果是

A. how are you?　　　　B. howI am fine are you? I am fine

C. how are you? I am fine　　　　D. row are you?

32. 设有如下函数定义

```
int fun(int k)
{
    if (k<1) return 0;
    else if(k==1) return 1;
        else return fun(k-1)+1;
}
```

若执行调用语句:n=fun(3);则函数 fun 总共被调用的次数是

A. 2　　　　B. 3　　　　C. 4　　　　D. 5

33. 有以下程序

```
#include <stdio.h>
int fun (int x,int y)
{
    if (x!=y) return ((x+y);2);
    else return (x);
}
void main()
{
    int a=4,b=5,c=6;
    printf("%d\n",fun(2*a,fun(b,c)));
}
```

程序运行后的输出结果是

A. 3　　B. 6　　C. 8　　D. 12

34. 有以下程序

```
#include <stdio.h>
int fun()
{
    static int x=1;
    x*=2;
    return x;
}
void main()
{
    int i,s=1;
    for(i=1;i<=3;i++)
        s*=fun();
    printf("%d\n",s);
}
```

程序运行后的输出结果是

A. 0　　B. 10　　C. 30　　D. 64

35. 有以下程序

```
#include <stdio.h>
#define S(x) 4*(x)*x+1
void main()
{
    int k=5,j=2;
    printf("%d\n",S(k+j));
}
```

程序运行后的输出结果是

A. 197　　B. 143　　C. 33　　D. 28

36. 设有定义:struct {char mark[12];int num1;double num2;} t1,t2;若变量均已正确赋初值,以下语句中错误的是

A. t1 = t2;　　B. t2. num1 = t1. num1;

C. t2. mark = t1. mark;　　D. t2. num2 = t1. num2;

37. 有以下程序

```
#include <stdio.h>
struct ord
{
    int x,y;
}dt[2]={1,2,3,4};
void main()
{
    struct ord *p=dt;
    printf("%d,",++(p->x));
    printf("%d\n",++(p->y));
}
```

程序运行后的输出结果是

A. 1,2　　B. 4,1　　C. 3,4　　D. 2,3

38. 有以下程序

```
#include <stdio.h>
struct S
{
    int a,b;
}data[2]={10,100,20,200};
void main()
{
    struct S p=data[1];
    printf("%d\n",++(p.a));
}
```

程序运行后的输出结果是

A. 10　　B. 11　　C. 20　　D. 21

39. 有以下程序

```
#include <stdio.h>
void main()
{
    unsigned char a=8,c;
    c=a>>3;
    printf("%d\n",c);
}
```

程序运行后的输出结果是

A. 32　　B. 16　　C. 1　　D. 0

40. 设 fp 已定义,执行语句 fp=fopen("file","w");后,以下针对文本文件 file 操作叙述的选项正确的是

A. 写操作结束后可以从头开始读　　B. 只能写不能读

C. 可以在原有内容后追加写　　D. 可以随意读和写

二、填空题(每题 2 分,共 30 分)

1. 有序线性表能进行二分查找的前提是该线性表必须是________存储的。

2. 一棵二叉树的中序遍历结果为 DBEAFC,前序遍历结果为 ABDECF,则后序遍历结果为________。

3. 对软件设计的最小单位(模块或程序单元)进行的测试通常称为________测试。

4. 实体完整性约束要求关系数据库中元组的________属性值不能为空。

5. 在关系 A(S,SN,D)和关系 B(D,CN,NM)中,A 的主关键字是 S,B 的主关键字是 D,则称________是关系 A 的外码。

6. 以下程序运行后的输出结果是________。

```
#include <stdio.h>
void main()
{
    int a;
    a=(int)((double)(3/2)+0.5+(int)1.99*2);
    printf("%d\n",a);
}
```

7. 有以下程序

```
#include <stdio.h>
void main()
{
    int x;
    scanf("%d",&x);
    if(x>15) printf("%d",x-5);
    if(x>10) printf("%d",x);
    if(x>5) printf("%d\n",x+5);
}
```

若程序运行时从键盘输入 12<回车>,则输出结果为________。

8. 有以下程序(说明:字符 0 的 ASCII 码值为 48)

```
#include <stdio.h>
void main()
{
    char c1,c2;
    scanf("%d",&c1);
    c2=c1+9;
    printf("%c%c\n",c1,c2);
}
```

若程序运行时从键盘输入 48<回车>,则输出结果为________。

9. 有以下函数

```
void prt(char ch,int n)
{
    int i;
    for(i=1;i<=n;i++)
        printf(i%6!=0?"%c":"%c\n",ch);
}
```

执行调用语句 prt('＊',24);后,函数共输出了________行＊号。

10. 以下程序运行后的输出结果是________。

```
#include <stdio.h>
void main()
{
```

```
    int x=10,y=20,t=0;
    if(x==y) t=x; x=y; y=t;
    printf("%d %d\n",x,y);
}
```

11. 已知 a 所指的数组中有 N 个元素。函数 fun 的功能是，将下标 k(k>0)开始的后续元素全部向前移动一个位置。请填空。

```
void fun(int a[N],int k)
{
    int i;
    for(i=k;i ___________
}
```

12. 有以下程序，请在________处填写正确语句，使程序可正常编译运行。

```
#include <stdio.h>
  (12)    ;
void main()
{
    double x,y,(*p)();
    scanf("%lf%lf",&x,&y);
    p=avg;
    printf("%f\n",(*p)(x,y));
}
double avg(double a,double b)
{
    return((a+b)/2);
}
```

13. 以下程序运行后的输出结果是________。

```
#include <stdio.h>
void main()
{
    int i,n[5]={0};
    for(i=1;i<=4;i++)
    {
        n[i]=n[i-1]*2+1;
        printf("%d",n[i]);
    }
    printf("\n");
}
```

14. 以下程序运行后的输出结果是________。

```
#include <stdio.h>
void main()
{
    char *p; int i;
    p=(char *)malloc(sizeof(char)*20);
    strcpy(p,"welcome");
    for(i=6;i>=0;i--)
        putchar(*(p+i));
    printf("\n-");
    free(p);
}
```

15. 以下程序运行后的输出结果是________。

```
#include <stdio.h>
void main()
{
    FILE *fp;
    int x[6]={1,2,3,4,5,6},i;
    fp=fopen("test.dat","wb");
    fwrite(x,sizeof(int),3,fp);
    rewind(fp);
    fread(x,sizeof(int),3,fp);
    for(i=0;i<6;i++)
        printf("%d",x[i]);
    printf("\n");
    fclose(fp);
}
```

理论模拟试题参考答案

一、选择题

1-5	ABDDB	6-10	ACDCB
11-15	CDAAC	16-20	ADCAD
21-25	BDBCD	26-30	CDCCC
31-35	BBBDB	36-40	CDDCB

二、填空题

1	顺序	2	DEBFCA
3	单元	4	主键
5	D	6	3
7	1217	8	09
9	4	10	20 0
11	i-1	12	double avg(double,double);
13	13715	14	emoclew
15	123456		

第 5 章　计算机二级考试(C 语言)考试大纲解析-上机部分

5.1　上机考点解析

(1)上机考试形式

上机题总分为 40 分,其中改错题占 18 分,编程题占 22 分。

① 改错题:改错题中所存在的错误主要是语法错误(如数组的声明错误、函数定义错误等)、运行错误(如包含不正确的头文件)、逻辑错误等。

② 编程题:编程题程序中,通常都涉及一个有一定难度的算法,考生须按题目要求实现,并且要求考生将算法运行的结果输出到指定文件中。所以,考生必须熟练掌握常用算法和文件的读写操作。

(2)上机编程题的方法和技巧

① 开始做编程题时,不要急着动手写程序,一定要把题意理解清楚。然后,在纸上写下关键算法的思想和实现的语句。最后,按"输入数据_数据处理_输出数据"的流程写出主程序及相关函数。

② 输出文件处理。在完成编程题时,通常要求考生把结果输出到文件 myf2. out 中,但在平时练习或考试完成这项功能时,考生常常会遇到一系列的问题:

(a)想查看结果是否输出到 myf2. out 中,却不知道 myf2. out 如何打开。找到 myf2. out 文件后,点击右键,选择"打开方式",在对话框中选择"记事本",并选择"始终使用该程序打开这些文件"。以后双击 myf2. out 文件时,将用记事本打开 myf2. out。

(b)每运行一次程序,都要打开一次 myf2. out,查看运行结果,很麻烦也很浪费时间。其实在编写程序时,没有必要在一开始就将所有结果都输出到 myf2. out 中,可先将所有结果都输出到显示器上,这样比较直观。等到程序能够正确输出所有结果后,再加入必要的文件输出语句,这样可节省时间。

(c)无法写入 myf2. out 文件。先检查 myf2. out 文件的大小,如果文件大小为 0 K,不用打开文件便可知道文件没有被写入。导致 myf2. out 无法写入的主要原因是文件操作有误,正确的文件操作过程如下:

- 在源程序中使用`#include<stdio. h>`。因为定义文件指针所需要的结构体 FILE 是在 stdio. h 文件中被定义的。
- 定义文件指针。例如`FILE *  out;`。
- 打开文件。把要进行读写的文件与磁盘中实际存储的数据文件建立关联。例如`out = fopen("myf2. out","w"); // "w"表示为输出打开文件 myf2. out`。注意"w"与"a"的不同,"a"是在文件尾部增加数据,而"w"是用新数据覆盖原有数据。

• 对文件进行写操作。可使用 fprintf 对文件进行写操作,函数的格式如下:

fprintf(文件指针,格式字符串,输出列表)例如 fprintf(out,"%d",m); fread(f,4,2,fp);

• 文件使用完毕后,使用函数关闭文件。例如 fclose(out);

③ 上机编程题是按步给分的,每项操作都有相应的分值。所以,即便不能编写出完整程序,也不要轻易放弃。要尽量把变量定义和可能要用的程序结构写出来。

(3)考点分析

根据考查内容对近几年二级 C 语言上机考试中的程序设计题进行归类总结,将这些题目分成了六大类,下面对每种类型的题目进行分析。

① 一维数组和字符串的操作。该类型的题目在以往的机试中所占比例最大,考生应对该知识点做全面的复习和掌握。一维数组可以分为数值型和字符型,其中数值型数组的数据类型为整型或实型。字符型数组的数据类型为字符型。我们通常会把字符型数组叫作字符串,但是应该注意字符型数组与字符串之间是存在区别的,也就是'\0'结束标志问题。在复习该部分的时候,考生应该掌握以下两个问题:

• 对一维数组进行操作的时候,不可避免地要访问相关的数组元素,在 C 语言中访问数组元素一般采取单层循环的方法进行遍历,假设数组长度为 n,数组下标是在 0 到(n-1)之间的,考生应该牢固掌握在一维数组中求最大值、最小值、移动元素、查找特定值、存储数组元素的方法。

• 对字符串的操作。该类问题是每次考试的重点和难点,特别是将字符串同指针结合起来以后,难度就更大了。考生在解决此类问题时应特别注意字符串的结束标志'\0',它不仅仅用来作为字符串的结束标志,而且在对字符串进行操作的时候,它也是循环的结束标志。考生在复习该部分的时候,应该注意这样的几个基本问题:大小字母转换、奇偶数判别、删除或添加指定的字符和字符的移动。此外,考生应该牢固掌握指针的特性及字符串操作函数的使用和实现方法,特别是字符串连接函数与求子串函数,在以往的考试中多次要求考生自己编写,考生应对该知识点做重点掌握。

② 数值计算。该类型的题目在历年的上机考试中考查的概率也非常高。该类题目一般给定一个数列计算公式,然后要求考生编写一个函数来实现求数列的前 n 项的值、累加和或者积。在解决该类的问题时,首先要找到给定数列的变化规律,然后根据其变化规律来编写一个单层或者双层的循环来求其相应的值。在编写程序的过程中,往往还会用到一些数学函数,如:sqrt()、fabs()和 pow()等,考生应该牢固掌握 math.h 中的一些常用数学函数的功能和使用方法。另外,还应该注意数据类型之间的区别,特别是 float 和 int 类型,不同的数据类型产生的运算结果也是不一样的。

③ 结构体的操作。该部分对非计算机专业的学生来说是一个难点。考生在复习这部分的时候,首先应注意结构体成员的两种不同的引用方法,即结构体变量和指向结构体的指针,也就是结构体成员运算符'.'和指向运算符'->'。在编程的过程中,往往会涉及结构体数组,其实这类数组除了数据类型是结构体以外,其他的特性和普通数组是一样的,结构体除了定义、赋值和初始化以外,它的其他操作和普通变量也是一样的,包括在结构体数组(记录)中进行查找、删除、求最大最小值等操作,我们应该用对待普通变量的方法来解决结构体的问题,这样的话,难度就可以大幅度的降低。

④ 对二维数组的操作。考生应对二维数组的数组元素的遍历方法、存储方式、矩阵转换

等问题做重点掌握。在 C 语言中,访问二维数组的数组元素一般采用双层循环的方法实现,二维数组具有两个下标:行下标与列下标;二维数组可以按行或者按列转化成一维数组进行存储;对二维数组进行行列转换的时候,要将行下标和列下标进行互换。考生还应该掌握上三角矩阵、下三角矩阵的特性,在考试中,该知识点也有所涉及。

⑤ 数制转换。包括两类问题:一是整数合并,二是类型转换。在复习该部分时,考生应该注意 C 语言中 int 型、long 型、float 型和 double 型数据所占的存储空间的大小和精度,注意"%"(模)运算和"/"(除法)运算的特点,特别应该灵活的使用模运算与除法运算求数据相应位数上的数值。掌握强制类型转换的方法以及按规定的位数保留小数的方法。

⑥ 素数。考生应该牢固掌握素数的基本概念和判断素数的方法。特别需要考生注意的是整数 1 不是素数,所以在判断素数的时候,应该从 2 开始,到(n-1)结束,能够除尽的不是素数,不能除尽的是素数。判断素数问题是 C 语言中的一个基本算法,不仅会在程序设计中会考到,而且往往在程序改错中也会有所涉及,因此,考生应对该知识点认真复习。

5.2　上机考试方法

(1)养成良好的程序设计风格

二级 C 语言上机考试中的程序设计题,一般来说程序都比较简短,根据题目指定的要求编写程序。考生在答题的时候尽量采用易于理解而且比较简单的代码来解决问题,注意不要改动题目的要求,语句的界符"{}"也应该具有层次性的缩进。必要时,使用一定的注释来帮助自己理解程序。平时能养成良好的编程规范。

(2)沉着应战,认真细心

二级 C 语言上机考试时间有限,上机时间还是非常紧张的。考生在答题的过程中应该保持一个良好的心态和平静的心情,遇到问题的时候不能慌乱,最好能够在机试时带一张草稿纸和一支笔,在编程之前先画出简单的程序的流程图或示意图来明确解题思路。在遇到程序错误时一定要根据错误代码检查相应位置,检查的过程中应该认真仔细,确保能够解决问题。

二级 C 语言上机考试每年的通过率都不高,主要的原因是考生的重视程度不够,上机操作的次数过少,很多应该掌握的却没有掌握,缺乏编程经验和考试经验等。希望参加考试的考生能认真对待,积极备考。上机时一定注意程序的保存和备份。

5.3　上机模拟试题

一、改错题

【程序功能】对存储在 string 数组内的英文句子中所有以 a 开始并以 e 结尾的单词做加密处理。加密规则:若单词长度为偶数个字符,则将组成该单词的所有字母循环左移一次;否则循环右移一次。例如,单词 able 经循环左移一次后变为 blea;单词 abide 经循环右移一次后变为 eabid。

【测试数据与运行结果】

测试数据:she is able to abide her.　　屏幕输出:she is blea to eabid her.

【含有错误的源程序】

```
#include<stdio.h>
#include<ctype.h>
void wordchange(char str[])
{
    inti,j,k,m;
    char c;
    for(i=0;str[i];i++)
    {
        for(j=i,k=i;isalpha(str[k]);k++);
        if(str[j]=='a' || &&str[k-1]=='e')
        {
            if((k-j)%2=0)
            {
                c=str[j];
                for(m=k-1;m>j;m--)
                    str[m]=str[m+1];
                str[k-1]=c;
            }
            else
            {
                c=str[k-1];
                for(m=k-1;m>j;m--)
                    str[m]=sty[m-1];
                str[j]=c;
            }
        }
        i=k;
    }
}
void main()
{
    char string[80]="she is able to abide her.";
    wordchange(string[80]);
    (string) puts(string);
}
```

【要求】

1. 将上述程序录入到文件 myf1. c 中,根据题目要求及程序中语句之间的逻辑关系对程序中的错误进行修改。

2. 改错时,可以修改语句中的一部分内容,调整语句次序,增加少量的变量说明或编译预处理命令,但不能增加其他语句,也不能删去整条语句。

3. 改正后的源程序(文件名 myf1. c)保存在 T 盘根目录中供阅卷使用,否则不予评分。

【答案】

- if(str[j] = =' a' || str[k-1] = =' e')　　改为　&&
- if((k-j)%2 = 0)　　改为　= =
- for(m = k-1;m>j;m--)　　改为　m = j;m<k-1;m++
- wordchange(string[80]);　　改为　string

二、编程题

【程序功能】矩阵数据生成及排序。

【编程要求】

1. 编写函数 void cresort(int a[ ][3],int n)。函数功能是先根据 a 指向的二维数组中第 1 列(列下标为 0)和第 2 列(列下标为 1)的值按下表所列规则生成第 3 列各元素的值,再以行为单位重排 a 数组的各行,使得所有行按第 3 列元素值从小到大排列。第 3 列生成规则:对任意的 i(0<=i<=n-1)有:

a[i][0]	a[i][1]	a[i][2]
非素数	非素数	1
非素数	素数	2
素数	非素数	3
素数	素数	4

2. 编写 main 函数。函数功能是声明 5 行 3 列二维数组 a 并用测试数据初始化,用数组 a 作为实参调用 cresort 函数,将 a 数组中的数据输出到屏幕及文件 myf2. out 中。最后将考生本人的准考证号字符串输出到文件 myf2. out 中。

【测试数据与运行结果】

测试数据:				屏幕输出:		
27	16	0		27	16	1
11	12	0		6	9	1
6	9	0		8	5	2
7	13	0		11	12	3
8	5	0		7	13	4

【要求】

1. 源程序文件名为 myf2. C,输出结果文件名为 myf2. out。
2. 数据文件的打开、使用、关闭均用 C 语言标准库中缓冲文件系统的文件操作函数实现。
3. 源程序文件和运行结果文件均需保存在 T 盘根目录中供阅卷使用。
4. 不要复制扩展名为 obj 和 exe 的文件到 T 盘中。

【答案】

```
#include<stdio.h>
#define N 5
int isprime(int m)
{
    int i;
    for(i=2;i<=m/2;i++)
        if(m%i==0)
            return 0;
        retum 1;
}
void cresort(int a[][3],int n)
{
    int i,j,k,m,c,t;
```

```
    for(i=0;i<n;i++)
    {
        c=isprime(a[i][0])+isprime(a[i][1]);
        switch(c)
        {
        case 0: a[i][2]=1;break;
        case 2: a[i][2]=4;break;
        case 1: if(isprime(a[i][0]))
                    a[i][2]=3;
                else a[i][2]=2;
                break;
        }
    }
    for(i=0;i<n-1;i++)
    {
        k=i;
        for(j=i+1;j<n;j++)
    }
}
```

第 6 章　考试模拟同步练习题

基础知识练习题

一、单项选择题

1. C 语言程序的基本单位________。

A. 程序行　　B. 语句　　C. 函数　　D. 字符

2. 下列说法中正确的是________。

A. C 语言程序总是从第一个定义的函数开始执行。

B. 在 C 语言程序中要调用的函数必须在 main( ) 函数中定义

C. C 语言程序总是从 main( ) 函数开始执行

D. C 语言程序中的 main( ) 函数必须在程序的开始部分

3. 设有语句 int　a=3,则执行语句 a+=a-=a * a 以后变量 a 的值是________。

A. 3　　B. 0　　C. 9　　D. -12

4. 在 C 语言中,要求运算数必须是整数的运算符是________。

A. %　　B. /　　C. <　　D. 1

5. C 语言中最简单的数据类型包括________。

A. 整型、实型、逻辑型　　B. 整型、实型、字符型

C. 整型、字符型、逻辑型　　D. 整型、实型、逻辑型、字符型

6. C 语言中下列运算符的操作数必须为整型的是________。

A. %　　B. ++　　C. /　　D. =

7. 合法的 C 语言字符常量是________。

A. ‘t’　　B. “A”　　C. 65　　D. A

8. 在 C 语言中,合法的字符常量是________。

A. ‘\084’　　B. ‘\X43’　　C. ‘ab’　　D. “\0”

9. 设有语句 char　a=‘\72’,则变量 a 是________。

A. 包含 1 个字符　　B. 包含 2 个字符　　C. 包含 3 个字符　　D. 说明不合法

10. 以下程序的输出结果是________。

```
#include<stdio.h>
void main()
{
    int i=010,j=10;
    printf("%d,%d\n",++i,j--);
}
```

A. 11,10　　B. 9,10　　C. 010,9　　D. 10,9

11. 下面程序的输出是________。

```
#include<stdio.h>
void main()
{
    unsigned a=32768;
    printf("a=%d\n",a);
}
```

A. a=32768　　B. 32767　　C. a=-32768　　D. a=-1

12. 设X,Y,Z和K是int型变量,则执行表达式:X=(Y=4,Z=16,K=32)后,X的值为________。

A. 4　　B. 16　　C. 32　　D. 52

13. 设有如下定量定义:则下列符合C语言语法的表达式为________。

```
int i=8,k,a,b;
unsigned long w=5;
double x=1.42,y=5.2;
```

A. a+=a-=(b=4)*(a=3)　　B. x%(-3)

C. a=a*3=2　　D. y=float(i)

14. 若有如下定义变量:

int　K=7,X=12;则能使值为3的表达式是________。

A. X%=(K%=5)　　B. X%=(K-K%5)

C. X%=K-K%5　　D. (X%=K)-(K%=5)

15. 执行以下语句:x+=y;y=x-y;x-=y;的功能是________。

A. 把x和y按从大到小排列　　B. 把x和y按从小到大排列

C. 无确定结果　　D. 交换x和y中的值

16. 以下程序的输出结果是________。

```
#include<stdio.h>
void main()
{
    int  a=12, b=12;
    printf("%d  %d\n",--a,++b);
}
```

A. 10　10　　B. 12　12　　C. 11　10　　D. 11　13

17. 若有以下程序段,其输出结果是________。

```
#include<stdio.h>
void main()
{
    int a=0, b=0, c=0;
    c=(c-=a-5),(a=b,b+3);
    printf("%d,%d,%d\n",a,b,c);
}
```

A. 3,0,-10　　B. 0,0,5　　C. -10,3,-10　　D. 3,0,3

18. 当运行以下程序时,在键盘上从第一列开始输入9876543210〈CR〉(这里〈CR〉代表

Enter），则程序的输出结果是________。

```
#include<stdio.h>
void main()
{
    int a;  float b,c;
    scanf("%2d%3f%4f",&a,&b,&c);
    printf("\na=%d,b=%f,c=%f\n",a,b,c);
}
```

A. a=98,b=765,C=4321　　　　B. a=10,b=432,c=8765

C. a=98,b=765.000000,c=4321.000000　　　　D. a=98,b=765,c=4321.0

19. 若 int 类型占两个字节，则以下程序段的输出结果是________。

```
#include<stdio.h>
void main()
{
    int a=-1;
    printf("%d,%u\n",a,a);
}
```

A. -1,1　　B. -1,32767　　C. -1,32768　　D. -1,65535

20. 以下程序段的输出结果是________。

```
#include<stdio.h>
void main()
{
    int a=2,b=5;
    printf("a=%%d,b=%%d\n",a,b);
}
```

A. a=%2,b=%5　　　　B. a=2,b=5

C. a=%%d,b=%%d　　　　D. a=%d,b=%d

21. 若 a,b,c,d 都是 int 类型变量且初值为 0，以下选项中不正确的赋值语句是________。

A. a=b=c=100;　　　　B. 5++;

C. c=b;　　　　D. d=(c=22)-(b++);

22. 以下合法的 C 语言语句是________。

A. a=b=58　　B. k=int(a+b);　　C. a=58,b=58　　D. --i;

23. 在一个 C 语言程序中________。

A. main 函数必须出现在所有函数之前　　　　B. main 函数可以在任何地方出现

C. main 函数必须出现在所有函数之后　　　　D. main 函数必须出现在固定位置

24. 下列程序的输出结果是________。

```
#include<stdio.h>
void main()
{
    double d=3.2;
    int x,y;
    x=1.2;
    y=(x+3.8)/5.0;
    printf("%d \n",d*y);
}
```

A. 3　　B. 3. 2　　C. 0　　D. 3. 07

25. 语言中,合法的长整型常数是________。

A. OL　　B. 4962710　　C. 324562&　　D. 216D

26. 假定 x 和 y 为 double 型,则表达式 x=2,y=x+3/2 的值是________。

A. 3. 500000　　B. 3　　C. 2. 000000　　D. 3. 000000

27. 设 x、y 均为整型变量,且 x=10 y=3,则以下语句的输出结果是________。

printf("%d,%d\n",x--,--y);

A. 10,3　　B. 9,3　　C. 9,2　　D. 10,2

28. x、y、z 被定义为 int 型变量,若从键盘给 x、y、z 输入数据,正确的输入语句是________。

A. INPUT x、y、z;　　B. scanf("%d%d%d",&x,&y,&z);

C. scanf("%d%d%d",x,y,z);　　D. read("%d%d%d",&x,&y,&z);

29. 下列不正确的转义字符是________。

A. ' \\'　　B. ' \"　　C. ' 74'　　D. ' \ddd'

二、填空题

1. 设 x 为 int 型变量,请写出描述"x 是偶数"的表达式是________。

2. 已知 scanf("a=%d,b=%d,c=%d",&a,&b,&c);,若从键盘输入 2、3、4 三个数分别作为变量 a、b、c 的值则正确的输入形式是________。

3. 设有语句 int a=3;,则执行了语句 a+=a-=a*a 后,变量 a 的值是________。

4. 以下程序的输出结果是________。

```
#include<stdio.h>
void main()
{
    int a=-10,b=-3;
    printf("%d\n",-a++);
    printf("%d\n",-a+b);
}
```

5. 以下程序的输出结果是________。

```
#include<stdio.h>
void main()
{
    char c;
    c=0362;
    printf("%d\n",c);
}
```

6. 以下程序段(n 所赋的是八进制数)执行后输出结果是________。

```
#include<stdio.h>
void main()
{
    int m=32767,n=032767;
    printf("%d,%o\n",m,n);
}
```

7. 字符串"\\name\\\101ddress\b\xaf"的长度为:________。

8. 有以下程序段:

```
#include<stdio.h>
void main()
{
    int m=0,n=0;
    char c='a';
    scanf("%d%c%d",&m,&c,&n);
    printf("%d,%c,%d\n",m,c,n);
}
```

若从键盘上输入:10A10<回车>,则输出结果是________。

9. 以下程序的输出结果是________。

```
#include<stdio.h>
void main()
{
    printf("%d,%o,%x\n",10,10,10);
    printf("%d,%d,%d\n",10,010,0x10);
    printf("%d,%x\n",012,012);
}
```

10. 设 a、b、c 为整形变量,且 a=2、b=3、c=4,则执行完语句 a * =16+(b++)-(++c);之后,变量 a 的值为________。

11. 以下程序的输出结果为________。

```
#include<stdio.h>
void main()
{
    int x=023;
    printf("%x\n",--x);
}
```

12. 以下程序的结果为________。

```
#include<stdio.h>
void main()
{
    int a=2,b=3,c,d;
    c=(a++)+(a++)+(a++);
    d=(++b)+(++b)+(++b);
    printf("a=%d  c=%d\n",a,c);
    printf("b=%d  d=%d\n",a,d);
}
```

13. 以下程序

```
#include<stdio.h>
void main()
{
    char ch1,ch2,ch3;
    scanf("%c%c%c",&ch1,&ch2,&ch3);
    printf("%c%c%c%c%c",ch1,'#',ch2,'#',ch3);
}
```

当输入 ABC 时运行结果为________,当输入 A　B 时运行结果为________。

14. 若有定义:float x;以下程序段的输出结果是________。

```
    x=5.16894;
    printf("%f\n",(int)(x*1000+0.5)/(float)1000);
```

15. 以下程序的功能是:输入一个小写字母,输出对应的大写字母,将程序补充完整。

```
#include<stdio.h>
void main()
{
    char  ch;
    ____________ /*  从键盘输入一个小写字母    */
    ____________ /*  将该字母转换为大写字母    */
    ____________ /*  输出转换后的结果          */
}
```

16. 当运行以下程序时,在键盘上从第一列开始输入 9876543210↙(此处↙代表回车),则程序的输出结果是________。

```
#include<stdio.h>
void main()
{
    int a;
    float b,c;
    scanf("%2d%3f%4f",&a,&b,&c);
    printf("\na=%d,b=%f,c=%f\n",a,b,c);
}
```

17. 以下程序的运行结果是________

```
#include<stdio.h>
void main()
{
    printf("%12.5f\n",123.1234567);
    printf("%12f\n",123.1234567);
    printf("%12.8d\n",12345);
    printf("%12.8s\n","abcdefghij");
}
```

18. 运行以下程序时,如从键盘上输入 abcdefg↙,则输出结果是________。

```
#include<stdio.h>
void main()
{
    char ch1,ch2,ch3;
    ch1=getchar();
    ch2=getchar();
    ch3=getchar();
    putchar(ch1);
    putchar(ch2);
    putchar(ch3);
    putchar('\n');
}
```

19. 运行以下程序时,如从键盘上输入:a = 3, b = 5↙35, 35.12↙abc↙后,结果是________。

```
#include<stdio.h>
void main()
{
    int a,b;
    float x,y;
    char c1,c2;
    scanf("a=%d,b=%d",&a,&b);
    scanf("%f,%e",&x,&y);
    scanf("%c%c%c",&c1,&c1,&c2);
    printf("a=%d,b=%d,x=%f,y=%f,c1=%c,c2=%c\n",a,b,x,y,c1,c2);
}
```

顺序、选择结构程序设计练习题

一、单项选择题

1. 在 if 后一对圆括号中表示 a 不等于 0 的关系,则能正确表示这一关系的表达式为________。

A. a<>0　　B. ! a　　C. a=0　　D. a

2. 以下程序运行后的输出结果是________。

```
#include<stdio.h>
void main()
{
    double d=3.2;
    int x,y;
    x=1.2;
    y=(x+3.8)/5.0;
    printf("%d\n",d*y);
}
```

A. 3　　B. 3. 2　　C. 0　　D. 3. 07

3. 以下程序运行后的输出结果是________。

```
#include<stdio.h>
void main()
{
    double d;
    float f;
    long l;
    int i;
    i=f=l=d=20/3;
    printf("%d %ld %.1f %.1f\n",i,l,f,d);
}
```

A. 6 66. 0 6. 0　　B. 6 6 6. 7 6. 7　　C. 6 6 6. 0 6. 7　　D. 6 6 6. 7 6. 0

4. 以下程序运行后的输出结果是________。

```
#include<stdio.h>
void main()
{
    int a=1,b=2;
    a=a+b;
    b=a-b;
    a=a-b;
    printf("%d,%d\n",a,b);
}
```

A. 1,2　　B. 1,1　　C. 2,2　　D. 2,1

5. 以下程序运行后的输出结果是________。

```
#include<stdio.h>
void main()
{
    int x,y,z;
    x=y=2;  z=3;
    y=x++-1;  printf("%d %d ",x,y);
    y=++x-1;  printf("%d %d\n",x,y);
    y=z---1;  printf("%d %d ",z,x);
    y=--z-1;  printf("%d %d\n",z,x);
}
```

A. 3 1 4 3
　2 4 1 4　　B. 3 1 3 3
　2 4 2 2　　C. 3 1 4 3
　2 4 1 2　　D. 2 1 3 2
　1 3 1 2

6. 以下程序运行后的输出结果是________。

```
#include<stdio.h>
void main()
{
    int x,y,z;
    x=y=1;
    z=x++,y++,++y;
    printf("%d,%d,%d\n",x,y,z);
}
```

A. 2,3,3　　B. 2,3,2　　C. 2,3,1　　D. 2,2,1

7. 以下程序运行后的输出结果是________。

```
#include<stdio.h>
void main()
{
    int x=4,y=7;
    x-=y;
    y+=x;
    printf("%d  %d\n",x,y);
}
```

A. 4　7　　B. −3　−3　　C. −3　11　　D. −3　4

8. 以下程序运行后的输出结果是________。

```
#include<stdio.h>
void main()
{
    unsigned short a=65536;
    int b;
    printf("%d\n",b=a);
}
```

A. 65536　　B. 0　　C. 1　　D. −1

9. 以下程序：

```
#include<stdio.h>
void main()
{
```

```
    char c1,c2,c3,c4,c5,c6;
    scanf("%c%c%c%c",&c1,&c2,&c3,&c4);
    c5=getchar();
    c6=getchar();
    putchar(c1);
    putchar(c2);
    printf("%c%c\n",c5,c6);
}
```

程序运行后,若从键盘输入(从第 1 列开始)

123<回车>

45678<回车>

则输出结果是________。

A. 1267　　B. 1256　　C. 1278　　D. 1245

10. 设 a、b 和 c 都是 int 型变量,且 a=3,b=0,c=5,则以下值为 0 的表达式是________。

A. 'a' &&'b'　　B. a&&b||c　　C. a&&b&&c　　D. a||b&&c

11. 在嵌套使用 if 语句时,C 语言规定 else 总是________。

A. 和之前与其具有相同缩进位置的 if 配对　　B. 和之前与其最近的 if 配对

C. 和之前与其最近不带 else 的 if 配对　　D. 和之前的第一个 if 配对

12. 若要求在 if 后一对圆括号中表示 a 不等于 0 的关系,则能正确表示这一关系的表达式为________。

A. a<>0　　B. ! a　　C. a=0　　D. a

13. 以下程序运行后的输出结果是________。

```
#include<stdio.h>
void main()
{
    int a=2,b=-1,c=2;
    if(a<b)
        if (b<0)
            c=0;
        else
            c++;
    printf("%d\n",c);
}
```

A. 0　　B. 1　　C. 2　　D. 3

14. 若 k 是 int 型变量,下面的程序段的输出结果是________。

```
#include<stdio.h>
void main()
{
    k=-3;
    if(k<=0) printf("####");
    else printf("&&&&");
}
```

A. ####　　B. &&&&

C. ####&&&&　　D. 有语法错误,无输出

15. 以下程序运行后的输出结果是________。

```
#include<stdio.h>
void main()
{
    int a=0,b=0,c=0,d=0;
    if (a=1) { b=1;c=2; }
    else d=3;
    printf("%d,%d,%d,%d\n",a,b,c,d);
}
```

A. 0,1,2,0　　B. 0,0,0,3　　C. 1,1,2,0　　D. 编译有错

16. 以下程序运行后的输出结果是________。

```
#include<stdio.h>
void main()
{
    int x1=1,x2=0,x3=0;
    if(x1=x2+x3) printf("****");
    else printf("####");
}
```

A. * * * *　　B. 有语法错误　　C. ####　　D. 无输出结果

17. 当 a=1,b=3,c=5,d=4 时,执行下面一行程序后,x 的值是________。

if(a<b)if(c<d)x=1;else if(a<c)if(b<d)x=2;else x=3;else x=6;else x=7;

A. 1　　B. 2　　C. 3　　D. 6

18. 下列叙述中正确的是________。

A. break 语句只能用于 switch 语句

B. 在 switch 语句中必须使用 default

C. break 语句必须与 switch 语句中的 case 配对使用

D. 在 switch 语句中不一定使用 break 语句

19. 已知 grade='B',则下列程序段的运行结果为________。

```
switch(grade)
{
    case  'A':  printf("85~100\n"); break;
    case  'B':  printf("70~84");
    case  'C':  printf("60~69\n");  break;
    default:    printf("error\n");
}
```

A. 70~84　　B. 60~69

C. 85~100　　D. 70~84　60~69

20. 以下程序运行后的输出结果是________。

```
#include<stdio.h>
void main()
{
    int x=1,y=0,a=0,b=0;
    switch(x)
    {
        case 1: switch(y)
                {
                    case 0: a++; break;
```

```
                case 1: b++; break;
            }
        case 2: a++; b++; break;
    }
    printf("a=%d,b=%d\n",a,b);
}
```

A. a=2,b=1　　B. a=1,b=1　　C. a=1,b=0　　D. a=2,b=2

二、填空题

1. 以下程序运行后的输出结果是________。

```
#include<stdio.h>
void main()
{
    int i=010, j=10;
    printf("%d,%d\n",++i,j--);
}
```

2. 以下程序运行后的输出结果是________。

```
#include<stdio.h>
void main()
{
    printf("%d%d%d\n",'\0','\0','\0');
}
```

3. 以下程序运行后的输出结果是________。

```
#include<stdio.h>
void main()
{
    int i=5,j,k;
    j=i+++i+++i++;
    k=(++i)+(++i)+(++i);
    printf("i=%5d  j=%5d\nk=%5d\n",i,j,k);
}
```

4. 下面的程序运行时从键盘上输入9876543210<回车>,程序的输出结果是________。

```
#include<stdio.h>
void main()
{
    int a;  float b,c;
    scanf("%2d%2f%2f",&a,&b,&c);
    printf("a=%d,b=%.1f,c=%.0f",a,b,c);
}
```

5. 下面程序的输出结果是________。

```
#include<stdio.h>
void main()
{
    char ch1,ch2;
    ch1='A'+'5'-'3';
    ch2='A'+'6'-'3';
    printf("%d,%c\n",ch1,ch2);
}
```

6. 执行下面的语句:printf("%d\n",(a=3*5,a*4,a+5));输出是________。

7. 以下程序运行后的输出结果是________。

```
#include<stdio.h>
void main()
{
    int x=10;
    printf("%d,%d\n",--x,--x);
}
```

8. 为表示关系 x≥y≥z,应使用 C 语言表达式________。

9. 下面的程序段的输出结果是________。

```
#include<stdio.h>
void main()
{
    int x=3;
    if((x%2)?printf("**%d",x):printf("##%d\n",x));
}
```

10. 以下程序运行后的输出结果是________。

```
#include<stdio.h>
void main()
{
    int m=5;
    switch(m/2)
    {
        case 1: m++;
        case 2: m+=3;
        case 5: m+=6;break;
        default: m-=7;
    }
    printf("%d\n",m);
}
```

三、程序填空

1. 下列程序的输出结果是 16.00,请填空。

```
#include<stdio.h>
void main()
{
    int a=9,b=2;
    float x=__________,y=1.1,z;
    z=a/2+b*x/y+1/2;
    printf("%5.2f\n",z);
}
```

2. 完成以下程序,输入变量 a,b,c 的值,判断 a,b,c 能否组成三角形,计算三角形面积。(公式为:$s=\sqrt{p(p-a)(p-b)(p-c)}$ 其中 $p=\frac{a+b+c}{2}$)。

```
#include<stdio.h>
__________________
void main()
{ __________________
```

```
    int a,b,c;
    printf("please input the value of a,b,c");
    scanf("%d %d %d",__________);
    if(__________)
    {
       ____________________
       s=sqrt(p*(p-a)*(p-b)*(p-c));
       printf("Yes,this is a triangle!\n the area is %.2f.\n",s);
    }
    else printf("No,this is not a triangle!\n");
}
```

循环结构程序设计练习题

一、单项选择题

1. 以下程序中,while 循环的循环次数是________。

```
#include<stdio.h>
void main()
{
    int  i=0;
    while(i<10)
    {
        if(i<1) continue;
        if(i==5) break;
        i++;
    }
}
```

A. 1　　B. 10　　C. 6　　D. 死循环

2. 以下程序的执行结果是________。

```
#include<stdio.h>
void main()
{
    int n=9;
    while(n>6) {
        n--;
        printf("%d",n);
    }
}
```

该程序的输出结果是

A. 987　　B. 876　　C. 8765　　D. 9876

3. 以下程序段,while 循环执行的次数是________。

```
int k=0;
while(k=1) k++;
```

A. 无限次　　B. 有语法错　　C. 一次也不执行　　D. 执行 1 次

4. 以下叙述正确的是________。

A. do-while 语句构成的循环不能用其他语句构成的循环来代替

B. do-while 语句构成的循环只能用 break 语句退出

C. 用 do-while 语句构成的循环,在 while 后的表达式为非零时结束循环

D. 用 do-while 语句构成的循环,在 while 后的表达式为零时结束循环

5. 以下程序的执行结果是________。

```
#include<stdio.h>
void main()
{
    int a,b;
    for(a=1,b=1;a<=100;a++)
    {
        if(b>=10) break;
        if (b%3==1)
        { b+=3; continue; }
    }
    printf("%d\n",a);
}
```

A. 101　　B. 6　　C. 5　　D. 4

6. 以下程序的执行结果是________。

```
#include<stdio.h>
void main()
{
    int x=23;
    do{
        printf("%d",x--);
    }while(!x);
}
```

A. 321　　B. 23　　C. 不输出任何内容　　D. 陷入死循环

7. 有以下程序段,输出结果是________。

```
#include<stdio.h>
void main()
{
    int x=3;
    do{
        printf("%d  ",x-=2);
    }while(!(--x));
}
```

A. 1　　B. 3　0　　C. 1　-2　　D. 死循环

8. 以下程序的输出结果是________。

```
#include<stdio.h>
void main()
{
    int a=0,i;
    for(i=1;i<5;i++)
    {
        switch(i)
        {
        case 0: case 3: a+=2;
        case 1: case 2: a+=3;
```

```
        default:a+=5;
        }
    }
    printf("%d\n",a);
}
```

A. 31　　B. 13　　C. 10　　D. 20

9. 以下程序的输出结果是________。

```
#include<stdio.h>
void main()
{
    int i=0,a=0;
    while(i<20)
    {
        for(; ;)
            if((i%10)==0) break;
            else  i--;
        i+=11;
        a+=i;
    }
    printf("%d\n",a);
}
```

A. 21　　B. 32　　C. 33　　D. 11

10. 以下循环体的执行次数是________。

```
#include<stdio.h>
void main()
{
    int i,j;
    for(i=0,j=1;i<=j+1;i+=2,j--)
        printf("%d  \n",i);
}
```

A. 3　　B. 2　　C. 1　　D. 0

11. 下列程序的输出结果是________。

```
#include<stdio.h>
#include "StdAfx.h"
void main()
{
    int i,j,m=0,n=0;
    for(i=0; i<2;i++)
        for(j=0;j<2;j++)
            if(j>=i) m=1; n++;
    printf("%d\n",n);
}
```

A. 4　　B. 2　　C. 1　　D. 0

12. 下列程序的输出结果是________。

```
#include<stdio.h>
void main()
{
    int i,sum;
    for(i=1;i<=3;sum++)
```

```
        sum+=i;
    printf("%d\n",sum);
}
```

A. 6　　B. 3　　C. 死循环　　D. 0

13. 对以下 for 循环,叙述正确的是________。

for(x = 0,y = 0;(y ! = 123)&&(x<4);x++,y++);

A. 是无限循环　　B. 循环次数不定　　C. 执行了 4 次　　D. 执行了 3 次

14. 以下程序执行后的输出结果是________。

```
#include<stdio.h>
void main()
{
    int i,n=0;
    for(i=2;i<5;i++)
    {
        do{
            if(i%3) continue;
            n++;
        }while(!i);
        n++;
    }
    printf("n=%d\n",n);
}
```

A. n = 5　　B. n = 2　　C. n = 3　　D. n = 4

15. 下列语句中,能正确输出 26 个英文字母的是________。

A. for(a = ' a' ;a< = ' z' ;printf("%c",++a));

B. for(a = ' a' ;a< = ' z' ;) printf("%c",a);

C. for(a = ' a' ;a< = ' z' ;printf("%c",a++));

D. for(a = ' a' ;a< = ' z' ;printf("%c",a));

16. 以下程序执行后的输出结果是________。

```
#include<stdio.h>
void main()
{
    int x=1,y=1;
    while(y<=5)
    {
        if(x>=10) break;
        if(x%2==0)
        {  x+=5;  continue;  }
        x-=3;  y++;
    }
    printf("%d,%d",x,y);
}
```

A. 6,6　　B. 7,6　　C. 10,3　　D. 7,3

17. 以下程序执行后的输出结果是________。

```
#include<stdio.h>
void main()
{
```

```
    int a=5;
    while(!(a-->5))
    {
        switch(a)
        {
        case 1:a++;
        case 4:a+=4;
        case 5:a+=5;break;
        default:a-=5;
        }
        printf("%d\n",a);
    }
}
```

A. 12　　B. 7　　C. 5　　D. 13

18. 对于下面的 for 循环语句,可以断定它执行________次循环。

for(x=0,y=0;(y!=67)&&(x<5);x++) printf("----");

A. 无限　　B. 不定　　C. 5 次　　D. 4 次

19. 在执行以下程序时,如果从键盘上输入:ABCdef,则输出结果为________。

```
#include<stdio.h>
void main()
{
    char ch;
    while((ch=getchar())!='\n')
    {
        if(ch>='A' && ch<='Z') ch=ch+32;
        else if(ch>='a'&&ch<='z') ch=ch-32;
        printf("%c",ch);
    }
    printf("\n");
}
```

A. ABCdef　　B. abcDEF　　C. abc　　D. DEF

20. 当执行以下程序时,________。

int a=1;do{ a=a* a; }while(! a);

A. 循环体将执行 1 次　　B. 循环体将执行 2 次

C. 循环体将执行无限次　　D. 系统将提示有语法错误

二、填空题

1. 执行语句:for(i=1;i++<4;);后变量 i 的值是________。

2. 以下程序的功能是:从键盘上输入若干个学生的成绩,统计并输出最高成绩和最低成绩当输入负数时,结束输入,请填空。

```
#include<stdio.h>
void main()
{
    float  x, amax, amin;
    scanf("%f",&x);
    amax=x; amin=x;
    while(__________)
    {
```

```
        if(x>amax) amax=x;
        if(__________)amin=x;
        scanf("%f",&x);
    }
    printf("\namax=%f\namin=%f\n",amax,amin);
}
```

3. PI 函数可根据下面公式,计算精度满足 eps 时的值。请填空。

PI/2 = 1+1/3+1/3×2/5+1/3×2/5×3/7+1/3×2/5×3/7×4/9+……

```
#include<stdio.h>
void main()
{
    double s=0.0,t=1.0,eps=1E-6;int n;
    for(__________; t>eps;n++)
    {
        s+=t;
        t= __________
    }
    printf("PI=%f ",(2.0*__________));
}
```

4. 有如下一段程序,下面程序的运行结果为________。

```
#include<stdio.h>
void main()
{
    int y=12;
    for( ;y>0;y--)
    {
        if(y%3==0)
        {
            printf("%d,",--y);
            continue;
        }
    }
}
```

5. 源程序如下,下面程序的运行结果为________。

```
#include<stdio.h>
void main()
{
    int i;
    for(i=10;i<100;i++)
        if(i%7==0&&i%3!=0)
            printf("%4d",i);
}
```

6. 以下程序运行后的输出结果是________。

```
#include<stdio.h>
void main()
{
    int i=10,j=0;
    do{
        j=j+i;
        i--;
```

```
    }while(i>2);
    printf("%d\n",j);
}
```

7. 要使以下程序段输出 10 个整数,请填入一个整数

```
for(i=0;i<= __________; printf("%d \n",i+=2));
```

8. 程序的功能是根据以下近似公式求 π 值:

$$\frac{\pi^2}{6}=1+\frac{1}{2\times2}+\frac{1}{3\times3}+\cdots+\frac{1}{n\times n}$$

请填空完成求 π 的功能。

```
#include<stdio.h>
#include "math.h"
void main()
{
    int n=30000;
    double s=0.0;
    long i;
    for(i=1;i<=n;i++)
        s=s+ __________;
    printf("pi=%f\n", __________);
}
```

三、程序填空题

1. 下列程序是求 $1+\frac{1}{2}+\frac{1}{4}+\cdots\frac{1}{50}$的值。

```
#include<stdio.h>
void main()
{
    int i=2; float sum=1;
    while(__________)
    {
        sum=sum+1.0/i;
        ______________;
    }
    printf("sum=%f\n", ______);
}
```

2. 以下程序的功能是从键盘输入若干个学生的成绩,统计最高成绩和最低成绩,当输入为负数时,结束输入。

```
#include<stdio.h>
void main()
{
    float x,max,min;
    scanf("%f",&x);
    max=min= __________;
    do{
        if(x>max)
            max=x;
        if(x<min)__________;
            scanf("%f",&x);
    } while(__________);
    printf("%f,%f",max,min);
}
```

3. 下面的程序用来求出所有的水仙花数。所谓水仙花数是指一个 3 位数,它的各位数字的立方和恰好等于它本身。

```
#include<stdio.h>
void main()
{
    int n,i,j,k;
    for(n=100;________)//判断3位数n是否是水仙花数
    {
        i=n/100;    /* i是n的百位上的数字*/
        j=_________;/*j是n的十位上的数字*/
        k=n%10; /* k是n的个位上的数字*/
        if(_________)
            printf("%d\n",n);
    }
}
```

数组练习题

一、单项选择题

1. 以下对一维整型数组 a 的正确定义的是________。

A. int a(10);

B. int n = 10,a[n];

C. int n;

D. #define SIZE 10; scanf("%d",&n);int a[SIZE]; int a[n];

2. 若有定义(说明)int a[10];则对数组 a 的元素正确引用的是________。

A. a[10]　　B. a[3. 5]　　C. a(5)　　D. a[10-10]

3. 执行下面程序段后,变量 k 的值是________。

int k = 3,s[2];s[0] = k; k = s[1]* 10;

A. 不定值　　B. 33　　C. 30　　D. 10

4. 以下程序的输出结果是________。

```
#include<stdio.h>
void main()
{
    int i,k,a[10],p[3];
    k=5;
    for(i=0;i<10;i++)
        a[i]=i;
    for(i=0;i<3;i++)
        p[i]=a[i*(i+1)];
    for(i=0;i<3;i++)
        k+=p[i]*2;
    printf("%d\n",k);
}
```

A. 20　　B. 21　　C. 22　　D. 23

5. 以下对一维整型数组 a 初始化的语句中正确的是________。

A. int a[10] = (0,0,0,0,0);　　B. int a[10] = ( );

C. int x=2,a[10]={10 * x};　　D. int a[10]={0};

6. 若有以下说明,则数值为 4 的表达式是________。

int a[12]={1,2,3,4,5,6,7,8,9,10,11,12};char c='a',d,g;

A. a[g-c]　　B. a[4]　　C. a['d'-'c']　　D. a['d'-c]

7. 下列程序运行后的输出结果是________。

```
#include<stdio.h>
#define MAX 10
void main()
{
    int i,sum,a[]={1,2,3,4,5,6,7,8,9,10};
    sum=1;
    for(i=0;i<MAX;i++)
        sum-=a[i];
    printf("sum=%d\n",sum);
}
```

A. sum=55　　B. sum=-54　　C. sum=-55　　D. sum=54

8. 以下程序的输出结果是________。

```
#include<stdio.h>
void main()
{
    int y=18,i=0,j,a[8];
    do{
        a[i]=y%2;
        i++;
        y=y/2;
    }while(y>=1);
    for(j=i-1;j>0;j--)
        printf("%d",a[j]);
}
```

A. 1000　　B. 1001　　C. 1010　　D. 1100

9. 以下对二维数组 a 的正确定义(说明)的是________。

A. int a[3][];　　B. float a(3,4);　　C. double a[1][4];　　D. float a(3)(4);

10. 若有定义(说明)int a[3][4];则对数组 a 的元素的引用非法的是________。

A. a[2][2 * 1]　　B. a[1][3]　　C. a[4-2][0]　　D. a[0][4]

11. 以下不能对二维数组 a 进行正确初始化的语句是________。

A. int a[2][3]={0};

B. int a[][3]={{1,2},{0}};

C. int a[2][3]={{1,2},{3,4},{5,6}};

D. int a[][3]={1,2,3,4,5,6};

12. 下列数组定义语句中,正确的是________。

A. char a[][]={'a','b','c','d','e','f'};

B. char a[2][3]='a','b';

C. char a[][3]={'a','b','c','d','e','f'};

D. char a[][]={{'a','b','c','d','e','f'}};

13. 下列程序运行后的输出结果是________。

```
#include<stdio.h>
void main()
{
    int a[4][4],i,j,k;
    for(i=0;i<4;i++)
        for(j=0;j<4;j++)
            a[i][j]=i-j;
        for(i=1;i<4;i++)
            for(j=i+1;j<4;j++)
            {
                k=a[i][j];
                a[i][j]=a[j][i];
                a[j][i]=k;
            }
            for(i=0;i<4;i++)
            {
                printf("\n");
                for(j=0;j<4;j++)
                    printf("%4d",a[i][j]);
            }
}
```

A.
```
0  -1  -2  -3
1   0  -1  -2
2   1   0  -1
3   2   1   0
```

B.
```
 0   1   2   3
-1   0   1   2
-2  -1   0   1
-3  -2  -1   0
```

C.
```
0  -1  -2  -3
1   0   1   2
2  -1   0   1
3  -2  -1   0
```

D.
```
 0   1   2   3
-1   0  -1  -2
-2   1   0  -2
-3   2   1   0
```

14. 有以下程序:

```
#include<stdio.h>
void main()
{
    int x[3][2]={0},i;
    for(i=0;i<3;i++)
        scanf("%d",x[i]);
    printf("%3d%3d%3d\n",x[0][0],x[0][1],x[1][0]);
}
```

若运行时输入:2　4　6<回车>,则输出结果是________。

A. 2　0　0　　B. 2　0　4　　C. 2　4　0　　D. 2　4　6

15. 下列描述不正确的是________。

A. 字符型数组中可以存放字符串

B. 可以对字符型数组进行整体输入和输出

C. 可以对整型数组进行整体输入和输出

D. 不能在赋值语句中通过赋值运算符“=”对字符型数组进行整体赋值

16. 对于以下定义,叙述正确的是________。

char x[ ] = "abcdef";char x[ ] = {' a' ,' b' ' c' ,' d' ,' e' ,' f' };

A. 数组 x 和数组 y 等价　　B. 数组 x 和数组 y 的长度相等
C. 数组 x 的长度大于数组 y 的长度　　D. 数组 x 的长度小于数组 y 的长度

17. 以下选项中,不能正确赋值的是________。

A. char s1[10];s1 = "Ctest";
B. char s2[ ] = {' C' ,' t' ,' e' ,' s' ,' t' };
C. char s3[20] = "Ctest";
D. char s4[30];strcpy(s4,"Ctest");

18. 若有定义和语句:char s = [10];s = " abcd";printf ("%s\n", s);则输出结果是________。

(以下□表示空格)

A. abcd　　B. a　　C. abcd□□　　D. 编译不通过

19. 当执行下面程序时,如果输入 ABC,则输出结果是________。

```
#include<stdio.h>
#include<string.h>
void main()
{
    char ss[10]="12345";
    gets(ss);
    strcat(ss,"6789");
    printf("%s\n",ss);
}
```

A. ABC6789　　B. ABC67　　C. 12345ABC6　　D. ABC45678

二、填空题

1. 下列程序的执行结果是________。

```
#include<stdio.h>
void main()
{
    int  a[]={1,2,3,4},m,n,s=0;
    n=1;
    for(m=3;m>=0;m--)
    {
        s=s+a[m]*n;
        n=n*10;
    }
    printf("s=%d\n",s);
}
```

2. 下列程序的执行结果是________。

```
#include<stdio.h>
void main()
{
    int a[3][3]={1,2,3,4,5,6,7,8,9},i,m=1;
    for(i=0;i<=2;i++)
        m=m*a[i][i];
    printf("m=%d\n",m);
}
```

3. 下列程序的执行结果是________。

```
#include<stdio.h>
void main()
{
    int a[4][4]={{1,3,5},{2,4,6},{3,5,7}};
    printf("%d,%d,%d\n",a[0][3],a[1][2],a[2][1],a[3][0]);
}
```

4. 若 int 类型变量占两个字节,定义 int x[10]={0,2,4};,则数组 x 在内存中所占的字节数是________。

5. 若有定义 char a[ ]="\\141\141abc\t";则数组 a 在内存中所占的字节数是________。

6. 下列程序的输出结果是________。

```
#include<stdio.h>
void main()
{
    int i,a[10];
    for(i=9;i>=0;i--)
        a[i]=10-i;
    printf("%d%d%d\n",a[2],a[5],a[8]);
}
```

7. 下列程序运行的结果是________。

```
#include<stdio.h>
void main()
{
    char ch[7]="65ab21";
    int i,s=0;
    for(i=0;ch[i]>='0'&&ch[i]<='9';i+=2)
        s=10*s+ch[i]-'0';
    printf("%d\n",s);
}
```

8. 有定义语句:char s[100],d[100];int j=0,i=0;且 s 中已赋字符串,请填空以实现字符串复制。(注意:不得使用逗号表达式)

```
while(s[i])
{
    d[j]=__________;
    j++ ;
}
d[j]=0;
```

9. 下面程序运行的结果是________。

```
#include<stdio.h>
void main()
{
    char s[]="abcdef";
    s[3]='\0';
    printf("%s\n",s);
}
```

10. 以下程序的输出结果是________。

```
#include<stdio.h>
void main()
{
    char ch[3][5]={"AAAA","BBB","CC"};
    printf("\"%s\"\n",ch[1]);
}
```

11. 以下程序的输出结果是________。

```
#include<stdio.h>
void main()
{
    char ch[]="abc",x[3][4];
    int i;
    for(i=0;i<3;i++)
        strcpy(x[i],ch);
    for(i=0;i<3;i++)
        printf("%s",&x[i][i]);
    printf("\n");
}
```

三、程序填空题

1. 以下程序的功能是:从键盘上输入若干个学生的成绩(用输入负数结束输入),统计出平均成绩,并输出低于平均分的学生成绩。请填空。

```
#include<stdio.h>
void main()
{
    int n=0,i; float x[1000],sum=0.0,ave,a;
    printf("Enter mark:\n");  scanf("%f",&a);
    while(a>=0.0 && n<1000)
    {
        sum+= __________;
        x[n]= __________;
        n++;
        scanf("%f",&a);
    }
    ave= __________;
    printf("Output:\n");
    printf("ave=%f\n",ave);
    for(i=0;i<n;i++)
        if(__________) printf("%f\n",x[i]);
}
```

2. 以下程序的功能是求出矩阵 x 的上三角元素之积。其中矩阵 x 的行列数和元素的值均由键盘输入。请填空。

```
#include<stdio.h>
#define M 10
void main()
{
    int x[M][M];
    int n,i,j;
    long s=1;
    printf("Enter a integer(<=10):\n");
    scanf("%d",&n);
```

```
    printf("Enter %d data on each line for the array x\n",n);
    for(________)
        for(j=0;j<n;j++) scanf("%d",&x[i][j]);
        for(i=0;i<n;i++)
            for(__________)
            __________;
            printf("%ld",s);
}
```

3. 以下程序,数组 a 中存放一个递增数列。输入一个整数,并将它插入到数组 a 中,使之仍为一个递增数列。请填空。

```
#include<stdio.h>
void main()
{
    int a[______]={1,10,20,30,40,50,60,70,80,90},x,i,p;
    scanf("%d",&x);
    for(i=0,p=10;i<10;i++)
        if(x<a[i]) {  p=i; __________;  }
        for(i=9;i>=p;i--)
            a[i+1]=a[i];
        __________;
        for(i=0;i<=10;i++)
            printf("%5d\n",a[i]);
        printf("\n");
}
```

4. 以下程序的功能是:将 t 数组的内容连接到 s 数组内容的后面,使 s 数组保存连接后的新字符串。

```
#include<stdio.h>
void main()
{
    static char s[30]="abcdefg",t[]="abcd";
    int i=0,j=0;
    while(s[i]!='\0')__________;
    while(t[j]!='\0') {
        s[i+j]=t[j];
        j++;
    }
    ________;
    printf("%s\n",s);
}
```

函数练习题

一、单项选择题

1. 以下函数的类型是__________

fff(float x){ printf ("%d\n",x* x); }

A. 与参数 X 的类型相同　　　　B. void 型

C. int 类型　　　　D. 无法确定

2. 以下函数调用语句中,含有的实参个数是________

func((exp1,exp2),(exp3,exp4,exp5));

A. 1　　B. 2　　C. 4　　D. 5

3. 若调用一个函数,且此函数中没有 return 语句,则正确的说法是________。

A. 该函数没有返回值　　B. 该函数返回若干个系统默认值

C. 能返回一个用户所希望的函数值　　D. 返回一个不确定的值

4. 以下正确的描述是________。

A. 函数的定义可以嵌套,但函数的调用不可以嵌套

B. 函数的定义不可以嵌套,但函数的调用可以嵌套

C. 函数的定义和函数的调用均不可以嵌套

D. 函数的定义和函数的调用均可以嵌套

5. 若用数组名作为函数调用的实参,传递给形参的是________。

A. 数组的首地址　　B. 数组中第一个元素的值

C. 数组中的全部元素的值　　D. 数组元素的个数

6. 以下不正确的说法是________。

A. 在不同函数中可以使用相同名字的变量

B. 形式参数是局部变量

C. 在函数内定义的变量只在本函数范围内有定义

D. 在函数内的复合语句中定义的变量在本函数范围内有定义

7. 已知一个函数的定义如下：

double fun(int x, double y) {……}则该函数正确的函数原型声明为________。

A. double fun(int x,double y)　　B. fun(int x,double y)

C. double fun(int,double);　　D. fun(x,y);

8. 关于函数声明,以下不正确的说法是________。

A. 如果函数定义出现在函数调用之前,可以不必加函数原型声明

B. 如果在所有函数定义之前,在函数外部已做了声明,则各个主调函数不必再做函数原型声明

C. 函数在调用之前,一定要声明函数原型,保证编译系统进行全面的调用检查

D. 标准库不需要函数原型声明

9. 调用函数的实参与被调用函数的形参应有如下关系________。

A. 只要求实参与形参个数相等　　B. 只要求实参与形参顺序相同

C. 只要求实参与形参数据类型相同　　D. 上述三点均需具备

10. 凡在函数中未指定存储类别的变量,其隐含的存储类别是____A____。

A. 自动　　B. 静态　　C. 外部　　D. 寄存器

11. 在源程序的一个文件中定义的全局变量的作用域是________。

A. 在本文件的全部范围

B. 该程序的全部范围

C. 一个函数的范围

D. 从定义该变量的位置开始至该文件的结束

12. 下列程序运行后的输出的数据是________。

```
#include<stdio.h>
int sum(int n)
{
    int p=1,s=0,i;
    for(i=1;i<=n;i++)
        s+=(p*=i);
    return s;
}
void main()
{
    printf("sum(5)=%d\n",sum(5));
}
```

A. sum(5) = 151　　B. sum(5) = 152　　C. sum(5) = 153　　D. sum(5) = 155

13. 下列程序运行后的输出结果是________。

```
#include<stdio.h>
int c=1;
func()
{
    static int a=4;int b=10;
    a+=2;c+=10;b+=c;
    printf("a=%d,b=%d,c=%d\n",a,b,c);
}
void main()
{
    static int a=5;int b=6;
    printf("a=%d,b=%d,c=%d\n",a,b,c);
    func();
    printf("a=%d,b=%d,c=%d\n",a,b,c);
    func();
}
```

A. a=5,b=6,c=1
a=6,b=21,c=11
a=5,b=6,c=11
a=8,b=31,c=21

B. a=5,b=6,c=11
a=5,b=21,c=11
a=5,b=6,c=11
a=8,b=31,c=21

C. a=5,b=6,c=1
a=5,b=21,c=11
a=5,b=6,c=11
a=8,b=31,c=21

D. a=5,b=6,c=1
a=6,b=21,c=11
a=5,b=6,c=11
a=5,b=31,c=21

14. 运行下面的程序后,其输出结果是________。

```
#include<stdio.h>
int f(int x)
{
    int y;
    y=x++*x++;
    return y;
}
void main()
{
    int a=6,b=2,c;
```

```
    c=f(a)/f(b);
    printf("%d\n",c);
}
```

A. 9　　B. 6　　C. 36　　D. 18

15. 下列程序输出结果是________。

```
#include<stdio.h>
my()
{
    static int x=3;
    x++;
    return(x);
}
void main()
{
    int i,x;
    for(i=0;i<=2;i++)
        x=my();
    printf("%d\n",x);
}
```

A. 3　　B. 4　　C. 5　　D. 6

16. 下列程序的输出结果是________。

```
#include<stdio.h>
int abc(int u,int v)
{
    int w;
    while(v) {
        w=u%v;
        u=v;
        v=w;
    }
    return u;
}
void main()
{
    int a=24,b=16,c;
    c=abc(a,b);
    printf("%d\n",c);
}
```

A. 8　　B. 6　　C. 5　　D. 4

17. 下列程序运行后的输出结果是________。

```
#include<stdio.h>
p(char s[])
{
    int i,j;
    for(i=j=0;s[i]!='\0';i++)
        if(s[i]!='a'+2)
            s[j++]=s[i];
    s[j]= '\0';
}
```

```
void main()
{
    static char s[]="abcdefgca";
    p(s);
    printf("s[]=%s\n",s);
}
```

A. s[ ]=abcdefgca　　B. s[ ]=abdefga　　C. s[ ]=bcdefgc　　D. 程序有错

18. 下列程序运行后的输出结果是________。

```
#include<stdio.h>
int fun(int x,int y)
{
    static int n=3,i=2;
    i+=n+1;  n=i+x+y;
    return(n);
}
void main()
{
    int  m=4,n=2,k;
    k=fun(m,n);  printf("%d\n",k);
    k=fun(m,n);  printf("%d\n",k);
}
```

A. 12
12　　B. 12
23　　C. 12
25　　D. 12
16

19. 下列程序运行后的输出结果是________。

```
#include<stdio.h>
int x=1;
fun(int m)
{
    m+=x;
    x+=m;
    {
        char x='A';
        printf("%d\n",x);
    }
    printf("%d,%d\n",m,x);
}
void main()
{
    int i=5;
    fun(i);
    printf("%d,%d\n",i,x);
}
```

A. 65
6,1
6,1　　B. A
6,1
6,1　　C. A
6,7
6,7　　D. 65
6,7
5,7

20. 下列程序运行后,若从键盘输入 ABC! 四个字符后,程序输出是________。

```
#include<stdio.h>
void main()
{
```

```
    void receiv();
    receiv();
}
void receiv()
{
    char c;
    c=getchar();
    putchar(c);
    if(c!='!')
        receiv();
    putchar(c);
}
```

A. ABC!!　B. ABC! ABC!　C. ABC!! CBA　D. ABCABC

二、填空题

1. 函数调用语句:fun((a,b),(c,d,e));,实参个数为________。

2. 凡在函数中未指定存储类别的局部变量,其默认的存储类别为________。

3. 在一个 C 程序中,若要定义一个只允许本源程序文件中所有函数使用的全局变量,则该变量需要定义的存储类别为________。

4. C 语言规定,调用一个函数时,实参变量和形参变量之间的数据传递方式是________。

5. 以下程序段的输出结果是________。

```
#include<stdio.h>
fun2(int a,int b)
{
    int  c;
    c=a*b%3;
    return  c;
}
fun1(int a,int b)
{
    int  c;
    a+=a;b+=b;
    c=fun2(a,b);
    return  c*c;
}
void main()
{
    int x=11,y=19;
    printf("%d\n",fun1(x,y));
}
```

6. 运行下面程序,其输出结果是________。

```
#include <stdio.h>
void main()
{
    void printd();
    int n=123;
    printd(n);
}
void printd(int n)
{
```

```
    int i;
    if(n<0) {
        n=-n;
        putchar('-');
    }
    putchar(n%10+'0');
    if((i=n/10)!=0)
        printd(i);
}
```

7. 运行下面程序,从键盘输入四个字符 xyz#,其输出是________。

```
#include <stdio.h>
void main()
{
    void recursion();
    recursion();
}
void recursion()
{
    char c;
    c=getchar();
    putchar(c);
    if(c!='#')
        recursion();
    putchar(c);
}
```

8. 以下程序的输出结果是________。

```
#include<stdio.h>
void fun(int x)
{
    if(x/2>0) fun(x/2);
    printf("%d ",x);
}
void main()
{
    fun(3);
    printf("\n");
}
```

9. 以下程序运行结果是________。

```
#include <stdio.h>
int a=1;
int f(int c)
{
    static int a=2;
    c=c+1;
    return (a++)+c;
}
void main()
{
    int i,k=0;
    for(i=0;i<2;i++){
        int a=3;
        k+=f(a);
```

```
    }
    k+=a;
    printf("%d\n",k);
}
```

10. 以下程序的运行结果是________。

```
#include <stdio.h>
int k=0;
void fun(int m)
{
    m+=k;
    k+=m;
    printf("m=%d\n  k=%d  ",m,k++);
}
void main()
{
    int i=4;
    fun(i++);
    printf("i=%d  k=%d\n",i,k);
}
```

三、程序填空题

1. 一个整数称为完全平方数,是指它的值是另一个整数的平方。例如 81 是个完全平方数,因为它是 9 的平方。下列程序是在三位的正整数中寻找符合下列条件的整数:它既是完全平方数,且三位数字中又有两位数字相同:例如 144(12 * 12)、676(26 * 26)等,程序找出并输出所有满足上述条件的三全数。

程序如下:

```
#include <stdio.h>
flag(__________)
{
    return(!((x-y)*(x-z)*(y-z)));
}
void main()
{
    int n,k,a,b,c;
    for(k=1;;k++)
    { ____________________

        if(n<100)__________;
        if(n>999)__________;
        a=n/100;
        b=__________;
        c=n%10;
        if(flag(a,b,c))
            printf("n=%d=%d*%d\n",n,k,k);
    }
}
```

2. 以下程序的功能是应用近似公式计算 e^x 的值。其中,函数 f1 计算每项分子的值,函数 f2 计算每项分母的值。共取 nmax 项之和作为 e 的近似值。

$$e^x = 1 + x + \frac{x^2}{2!} + \frac{x^2}{3!} + \cdots + \frac{x^n}{n!} + \cdots \frac{x^{\max-1}}{(\max - 1)2!}$$

```
#include <stdio.h>
#define nmax 20
float f2(int n)
{
    if(n==1) return 1;
    else return __________;
}
float f1(float x, int  n)
{
    int i; float j=_________;
    for(i=1; _________;i++)
        j=j*x;
    return j;
}
void main()
{
    float x,exp=1.0;  int n;
    printf("Input x value:");
    scanf("%f",&x);
    for(n=1;n<nmax;n++)
        exp=__________;
    printf("x=%f,exp(x)=%f\n",x, _________);
}
```

指针练习题

一、单项选择题

1. 以下叙述中错误的是________。

A. 在程序中凡是以“#”开始的语句行都是预处理命令行

B. 预处理命令行的最后不能以分号表示结束

C. #define MAX 是合法的宏定义命令行

D. C 程序对预处理命令行的处理是在程序执行的过程中进行的

2. 若程序中有宏定义行：#define N 100，则以下叙述中正确的是________。

A. 宏定义行中定义了标识符 N 的值为整数 100

B. 在编译程序对 C 源程序进行预处理时用 100 替换标识符 N

C. 对 C 源程序进行编译时用 100 替换标识符 N

D. 在运行时用 100 替换标识符

3. 若有如下宏定义：

```
#define  N  2
#define  y(n)  ((N+1)*n)
```

则执行下列语句：z=4＊(N+y(5))；后的结果是________。

A. 语句有错误　　B. z 值为 68

C. z 值为 60　　D. z 值为 180

4. 以下程序运行后的输出结果是________。

```
#include <stdio.h>
#define  F(X,Y)  (X)*(Y)
void main()
{
    int a=3,b=4;
    printf("%d\n",F(a++,b++));
}
```

A. 12　　　　　　B. 15　　　　　　C. 16　　　　　　D. 20

5. 以下程序运行后的输出结果是________。

```
#include <stdio.h>
#define  f(x)  (x*x)
void main()
{
    int i1,i2;
    i1=f(8)/f(4);
    i2=f(4+4)/f(2+2);
    printf("%d,%d\n",i1,i2);
}
```

A. 64,28　　　　　　B. 4,4　　　　　　C. 4,3　　　　　　D. 64,64

6. 若已定义 a 为 int 型变量,则________是对指针变量 p 的正确说明和初始化。

A. int p=&a;　　　　B. int *p=a;　　　　C. int *p=*a;　　　　D. int *p=&a;

7. 已知下列说明语句:

```
static int a[]={2,4,6,8}
static int *p[]={a,a+1,a+2,a+3};
int **q;
q=p;
```

则表达式 * *(q+2)的值是________。

A. 6　　　　　　B. 2　　　　　　C. 4　　　　　　D. 8

8. 下面是一个初始化指针的语句:int *px=&a;其中指针变量的名字应该________。

A. *px　　　　　　B. a　　　　　　C. px　　　　　　D. &a

9. 若指针 px 为空指针,则________。

A. px 指向不定　　　B. px 的值为零　　　C. px 的目标为零　　　D. px 的地址为零

10. 对下语句 int *px[10];,下面正确的说法是________。

A. px 是一个指针,指向一个数组,数组的元素是整数型。

B. px 是一个数组,其数组的每一个元素是指向整数的指针。

C. A 和 B 均错,但它是 C 语言的正确语句。

D. C 语言不允许这样的语句。

11. 具有相同基类型的指针变量 p 和数组 y,下列写法中不合法的是________。

A. p=y　　　　　　B. *p=y[i]　　　　　　C. p=&y[i]　　　　　　D. p=&y

12. 已知 static int a[ ]={5,4,3,2,1}, *p[ ]={a+3,a+2,a+1,a}, * *q=p;
则表达式 *(p[0]+1)+ * *(q+2) 的值是________。

A. 5　　　　　　B. 4　　　　　　C. 6　　　　　　D. 7

13. 说明语句 int *(*p)();的含义为________。

A. p 是一个指向 int 型数组的指针

B. p 是指针变量，它构成了指针数组

C. p 是一个指向函数的指针，该函数的返回值是一个整型

D. p 是一个指向函数的指针，该函数的返回值是一个指向整型的指针

14. 设有如下程序段

```
char s[20] = "Beijing",* p;p = s;
```

则执行 p=s;语句后，以下叙述正确的是________。

A. 可以用 *p 表示 s[0]

B. s 数组中元素个数和 p 所指字符串长度相等

C. s 和 p 都是指针变量

D. 数组 s 中的内容和指针变量 p 中的内容相同

15. 设 int 型变量 i、n 均已定义，指针变量 s1、s2 各指向一个字符串。在 for(i=0;i<n;i++)循环中，下列语句用以实现将 s2 所指字符串中前 n 个字符复制到 s1 所指字符串中，其中代码正确的是________。

A. * s1++ = * s2++;　　B. s1[n-1] = s2[n-1];

C. * (s1+n-1) = * (s2+n-1);　　D. * (++s1) = * (++s2);

16. 给出下列程序的运行结果________。

```
#include <stdio.h>
void main()
{
    static char a[]="language",b[]="program";
    char *ptr1=a,*ptr2=b;
    int k;
    for(k=0;k<7;k++)
        if(*(ptr1+k)==*(ptr2+k))
            printf("%c",*(ptr1+k));
}
```

A. gae　　B. ga　　C. language　　D. 有语法错误

17. 以下程序执行后的输出结果是________。

```
#include <stdio.h>
void fun1(char *p)
{
    char *q;
    q=p;
    while(*q!='\0'){
        (*q)++;
        q++;
    }
}
void main()
{
    char a[]={"Program"},*p;
    p=&a[3];
    fun1(p);
    printf("%s\n",a);
}
```

A. Prohsbn　　B. Prphsbn　　C. Progsbn　　D. Program

18. 以下程序执行后的输出结果是________。

```
#include <stdio.h>
void main()
{
    char *p[]={"3697","2584"};
    int i,j;
    long num=0;
    for(i=0;i<2;i++)
    {
        j=0;
        while(p[i][j]!='\0')
        {
            if((p[i][j]-'0')%2)
                num=10*num+p[i][j]-'0';
            j+=2;
        }
    }
    printf("%d\n",num);
}
```

A. 35　　B. 37　　C. 39　　D. 3975

19. 下列程序运行后的输出结果是________。

```
#include <stdio.h>
sub(char *str, int n1,int n2)
{
    char c,*p;
    p=str+n2;
    str=str+n1;
    while(str<p)
    {
        c=*str;
        *str=*p;
        *p=c;
        str++;
        p--;
    }
}
void main()
{
    char str[]="The_Microsoft";
    int n=4;
    sub(str,0,n-1);
    sub(str,0,strlen(str)-1);
    printf("%s\n",str);
}
```

A. tfosorciMThe_　　B. ehT_Microsoft　　C. tfosorciM_ehT　　D. Microsoft_The

二、填空题

1. 以下程序的定义语句中，x[1]的初值是________，程序运行后输出的内容是________。

```
#include <stdio.h>
void main()
{
```

```
    int x[]={1,2,3,4,5,6,7,8,9,10,11,12,13,14,15,16},*p[4],i;
    for(i=0; i<4; i++)
    {
        p[i]=&x[2*i+1];
        printf("%d",p[i][0]);
    }
    printf("\n");
}
```

2. 以下程序的输出结果是________。

```
#include <stdio.h>
void swap(int *a, int *b)
{
    int *t;
    t=a; a=b; b=t;
}
void main()
{
    int i=2,j=5,*p=&i,*q=&j;
    swap(p,q);
    printf("%d %d\n",*p,*q)
}
```

3. 以下程序的输出结果是________。

```
#include <stdio.h>
void main()
{
    int a[5]={2,4,6,8,10},*p;
    p=a;
    p++;
    printf("%d",*p);
}
```

4. 以下程序的输出结果是________。

```
#include <stdio.h>
#define M  5
#define N  M+M
void main()
{
    int k;
    k=N*N*5;
    printf("%d\n",k);
}
```

5. 若有定义语句:int a[4]={0,1,2,3},*p;p=&a[1];则++(*p)的值是________。

6. 若有定义:int a[2][3]={2,4,6,8,10,12};则*(&a[0][0]+2*2+1)的值是________,*(a[1]+2)的值是________。

7. 若有程序段:

```
    int *p[3],a[6],i;
    for(i=0;i<3;i++)
        p[i]=&a[2*i];
```

则*p[0]引用的是a数组元素________,*(p[1]+1)引用的是a数组元素________。

三、程序填空题

1. 下面函数的功能是从输入的十个字符串中找出最长的那个串,请填空使程序完整。

```
void fun(char str[10][81],char **sp)
{
    int i;
    *sp =__________;
    for(i=1;i<10; i++)
        if(strlen(*sp)<strlen(str[i]))
    __________;
}
```

2. 下面函数的功能是将一个整数字符串转换为一个整数,例如,"1234"转换为1234,请填空使程序完整。

```
int chnum(char *p)
{
    int num=0,k,len,j;
    len=strlen(p);
    for( ;__________; p++)
    {
        k= __________;
        j=(--len);
        while(__________)
            k=k*10;
        num=num+k;
    }
    return (num);
}
```

3. 下面函数的功能使统计子串substr在母串str中出现的次数,请填空使程序完整。

```
int count(char *str, char *substr)
{
    int i,j,k,num=0;
    for(i=0;__________;i++)
        for(__________,k=0;substr[k]==str[j];k++,j++)
            if(substr [__________]=='\0')
            {
                num++;
                break;
            }
    return (num);
}
```

4. 下面函数的功能是用递归法将一个整数存放到一个字符数组中,存放时按逆序存放,如483存放成“384”,请填空使程序完整。

```
void convert(char *a, int n)
{
    int i;
    if((i=n/10)!=0) convert(__________,i);
    else *(a+1)=0;
    *a= __________;
}
```

结构体与文件练习题

一、单项选择题

1. 有以下说明语句,对结构变量中成员 age 的正确引用是________。

struct student{ int age; int sex; }stud1,* p;

A. p->age

B. student. age

C. * p. age

D. stud1. student. age

2. 说明语句如下,则正确的叙述是________。

union data { int x; char y; float z; }a;

A. data 和 a 均是共用体类型变量

B. a 所占内存长度等于其成员 x、y、z 各在内存所占长度之和

C. 任何情况下,均不能对 a 作整体赋值

D. a 的地址和它的各成员地址都是同一地址

3. 共用体成员的数据类型________。

A. 相同

B. 可以不同也可以相同

C. 长度一样

D. 是结构体变量

4. 由系统分配和控制的标准输出文件为________。

A. 键盘 B. 磁盘 C. 打印机 D. 显示器

5. 下列关于 C 语言数据文件的叙述中正确的是________。

A. C 语言只能读写文本文件

B. C 语言只能读写二进制文件

C. 文件由字符序列组成,可按数据的存放形式分为二进制文件和文本文件

D. 文件由二进制数据序列组成

6. 若要用 fopen 函数建一个新的二进制文件,该文件要既能读也能写,则文件方式字符串应该为________。

A. "ab+" B"wb+" C"rb+" D. "ab"

7. 下列程序运行后的输出结果是________。

```
#include <stdio.h>
struct s {  int n; char *c;  }*p;
char d[]={'a','b','c','d','e'};
struct s a[]={10,&d[0],20,&d[1],30,&d[2],40,&d[3],50,&d[4]};
void main()
{
    p=a;
    printf("%d\n",++p->n);
    printf("%d\n",(++p)->n);
    printf("%c\n",++(*p->c));
}
```

A.	B.	C.	D.
11	11	10	10
20	20	20	20
c	b	c	b

8. 已知

```
struct student
{
    char *name;
    int student_no;
    char grade;
};
struct student temp,*p=&temp;
temp.name="chou";
```

则下面不正确的是________。

表达式	值
A. p->name	chou
B. （＊p）->name+2	h
C. ＊p->name+2	e
D. ＊（p->name+2）	o

9. 下面程序运行后，其输出结果是________。

```
#include<stdio.h>
struct tree
{
    int x;
    char *s;
}t;
func(struct tree t)
{
    t.x=10;
    t.s="computer";
    return 0;
}
void main()
{
    t.x=1;
    t.s="minicomputer";
    func(t);
    printf("%d,%s\n",t.x,t.s);
}
```

A. 10，computer　　B. 1，minicomputer

C. 1，computer　　D. 10，minicomputer

10. 若已定义了如下的共用体类型变量 x，则 x 所占用的内存字节数为________。

union data {　int i;　char cha;　double f;　}x;

A. 7　　B. 11　　C. 8　　D. 10

11. 如下说明语句：

enum A {A0＝1,A1＝3,A2,A3,A4,A5};　enum A B;

执行　B＝A3；　printf（"%d\n"，B）；输出是________。

A. 5　　B. 3　　C. 2　　D. 编译时出错

12. 有以下说明语句，则结构变量 s 的成员 num 的不正确引用是________。

struct student{　int num;int age;}s,*　p;

A. s. num　　B. * p. num　　C. p->num　　D. (* p). num

13. 以下各选项试图说明一种新的类型名，其中正确的是________。

A. typedef integer int;　　B. typedef integer = int;

C. typedef int integer;　　D. typedef int = integer;

14. fwrite 函数的一般调用形式是________。

A. fwrite(buffer, count, size, fp);　　B. fwrite(fp, size, count, buffer);

C. fwrite(fp, count, size, buffer);　　D. fwrite(buffer, size, count, fp);

15. C 语言文件操作函数 fread(buffer, size, n, fp)的功能是________。

A. 从文件 fp 中读 n 个字节存入 buffer

B. 从文件 fp 中读 n 个大小为 size 字节的数据项存入 buffer 中

C. 从文件 fp 中读入 n 个字节放入大小为 size 字节的缓冲区 buffer 中

D. 从文件 fp 中读入 n 个字符数据放入 buffer 中

16. 若有定义：struct data{　int i;　char ch;　float f;　}b;

则结构体变量 b 占用内存的字节数是________。

A. 7　　B. 4　　C. 1　　D. 2

二、填空题

1. 下面程序是用来统计文件中字符的个数，请填空。

```
#include<stdio.h>
void main()
{
    FIlE *fp;
    long num=0;
    if((fp=fopen("fname","r"))==Null)
    {
        printf("Can't open file!\n");
        exit(0);
    }
    while(__________)
    {
        fgetc(fp);
        num++
    }
    printf("num=%d\n",num);
    fclose(fp);
}
```

2. 下述程序把从终端读入的文本(用@ 作为文本结束标志)输出到一个名为 bi. dat 的新文件中。请填空。

```
#include<stdio.h>
FILE  *fp;
void main()
{
    char ch;
    if((fp=fopen(  "bi,bat","w"))==NULL)  exit(0);
    while(ch=getchar())!='@') fputc(oh,fp);
    ____________________
}
```

3. 使用 fopen 函数打开文件时,若不能实现“打开”,则该函数的返回值为________。

4. 下面程序是把从终端读入的 10 个整数以二进制方式写到一个名为 bi. dat 的新文件中。请填空。

```
#include  <stdio.h>
FILE *fp;
void main()
{
    int i,j;
    if((fp=fopen(__________,"wb"))==NULL)
        exit(0);
    for(i=0;i<10;i++)
    {
        scanf("%d",&j);
        fwrite(&j,sizeof(int),1,________);
    }
    fclose(fp);
}
```

第 7 章　考试模拟同步练习题参考答案

基础知识练习题答案

一、单项选择题

1-5	CCDAB	6-10	BABAB
11-15	ACADD	16-20	DBCDB
21-25	BDBCA	26-29	DDBC

二、填空题

题号	答案	题号	答案
1	**x%2==0**	11	**12**
2	**a=2,b=3,c=4↙**	12	**a=5　c=6** **b=5　d=16**
3	**-12**		
4	**10** **6**	13	**A#B#C** **A# #B**
5	**-14**	14	**5.169000**
6	**32767,32767**	15	**scanf("%c",&ch);** **ch-=32;** **printf("%c\n",ch);**
7	**15**	16	**a=98,b=765.000000,c=4321.000000**
8	**10,A,10**	17	**123.12346** **123.123457** **00012345** **abcdefgh**
9	**10,12,a** **10,8,16** **10,a**	18	**abc**
10	**28**	19	**a=3,b=5,x=35.000000,y=35.119999,c1=a,c2=b**

顺序、选择结构程序设计练习题答案

一、单项选择题

1-5	DCADA	6-10	CDBDC
11-15	CDCDC	16-20	CBDDA

二、填空题

1	9,10	6	20
2	000	7	8,9
3	i=　11　j=　15 k=　33	8	(x>=y)&&(y>=z)
4	a=98,b=76.0,c=54	9	* *3
5	67,D	10	14

三、程序填空题

1. **6.6**

2. **#include<math.h>**

float s,p;

&a,&b,&c

a+b>c && b+c>a && c+a>b && a>0 && b>0 && c>0

p=(a+b+c)/2.0;

循环结构程序设计练习题答案

一、单项选择题

1-5	DBADD	6-10	BCABC
11-15	CCCDC	16-20	ADCBA

二、填空题

1	5	5	14,28,35,49,56,70,77,91,98
2	x>0x<amin	6	52
3	n=1　t*n/(2*n+1);　s	7	18 或 19
4	11,8,5,2	8	1.0/(i*i)　sqrt(6*s)

三、程序填空题

1　【1】**i<=50**　　【2】**i=i+2**　　【3】**sum**

2　【1】x　【2】min=x　【3】x>=0

3　【1】n<=999;n++　【2】n/10%10　【3】n==i*i*i+j*j*j+k*k*k

数组练习题答案

一、单项选择题

1-5	DDABD	6-10	DBBCD
11-15	CCCBC	16-19	CADA

二、填空题

1	s=1234	7	6
2	m=45	8	S[i++]
3	0,6,5	9	abc
4	20	10	BBB
5	10	11	abcbcc
6	852		

三、程序填空题

1　【1】a　【2】a　【3】sum/n　【4】x[i]<ave

2　【1】i=0;i<n;i++　【2】j=i;j<n;j++　【3】s=s*x[i][j]

3　【1】11 或者大于 11 的任何整数　【2】break　【3】a[p]=x 或者 a[i+1]=x

4　【1】i++　【2】s[i+j]='\0'

函数练习题答案

一、单项选择题

1-5	CBABA	6-10	DCCDA
11-15	DCAAD	16-20	ABCDC

二、填空题

1	2	6	321
2	自动	7	xyz##zyx
3	静态外部变量	8	1　3
4	值传递	9	14
5	4	10	m=4 k=4 i=5 k=5

三、程序填空题

1	int x, int y, iny z	6	n * f2(n-1)
2	n=k * k;	7	1
3	continue	8	i<=n
4	break	9	exp+f1(x,n)/f2(n)
5	n/10%10	10	exp

指针练习题答案

一、单项选择题

1-5	BBBAC	6-10	DACBB
11-15	DADAA	16-19	BACA

二、填空题

1	2　2468	5	2
2	2　5	6	12　12
3	4	7	a[0]　a[3]
4	55		

三、程序填空题

1	str[0]	6	str[i]
2	* sp=str[i]	7	j=i
3	* p	8	k+1
4	* p-' 0'	9	a+1
5	j--	10	n%10+' 0'

结构体与文件练习题答案

一、单项选择题

1-5	ADBDC	6-10	BABBC
11-15	ABCDB	16	A

二、填空题

1	! feof(fp)	3	null
2	fclose(fp);	4	“bi. bat”　fp

第 8 章　历年等级考试真题及参考答案

理论考试部分

一、选择题

1. C 语言规定，在一个源程序中 main 函数的位置________

A. 必须在最开始　　B. 必须在最后

C. 必须在预处理命令的后面　　D. 可以在其他函数之前或之后

2. 以下选项中，________是 C 语言的关键字

A. printf　　B. include　　C. fun　　D. default

3. 已知有声明“int a=3,b=4,c;”，则执行语句“c=1/2*(a+b);”后，c 的值为________

A. 0　　B. 3　　C. 3.5　　D. 4

4. 设指针变量占 2 个字节的内存空间，若有声明“char *p="123";int c;”，则执行语句“c=sizeof(p);”后，c 的值为________

A. 1　　B. 2　　C. 3　　D. 4

5. 已知有声明“int a=3,b=4;”，下列表达式中合法的是________

A. a+b=7　　B. a=|b|　　C. a=b=0　　D. (a++)++

6. 已知有声明“char s[20]="hello";”，在程序运行过程中，若要想使数组 s 中的内容修改为"Good"，则以下语句中能够实现此功能的是________

A. s="Good';　　B. s[20]="Good";

C. strcat(s,"Good");　　D. strcpy(s,"Good");

7. 已知有声明“int a[4][4]={{1,2,3,4},{5,6,7,8},{9,10,11,12},{13,14,15,16}};”，若需要引用值为 12 的数组元素，则下列选项中错误的是________

A. *(a+2)+3　　B. *(*(a+2)+3)

C. *(a[2]+3)　　D. a[2][3]

8. 已知有声明“int n;float x,y;”，则执行语句“y=n=x=3.89;”后，y 的值为________

A. 3　　B. 3.0　　C. 3.89　　D. 4.0

9. 已知有声明“int a=12,b=15,c;”，则执行表达式“c=(a||(b-=a))”后，变量 b 和 c 的值分别为(　　)

A. 3,1　　B. 15,12　　C. 15,1　　D. 3,12

10. 下列叙述中，正确的是________

A. C 语言中的文件是流式文件，因此只能顺序存取文件中的数据。

B. 调用 fopen 函数时若用“r”或“r+”模式打开一个文件，该文件必须在指定存储位置或默认存储位置处存在。

C. 当对文件进行了写操作后,必须先关闭该文件然后再打开,才能读到该文件中的第 1 个数据。

D. 无论以何种模式打开一个已存在的文件,在进行了写操作后,原有文件中的全部数据必定被覆盖。

二、填空题

1. 数学式$\sqrt[3]{x}$所对应的 C 语言表达式为 pow(x, ___(1)___)。

2. 已知有声明"char ch='g';",则表达式 ch=ch-'a'+'A'的值为字符___(2)___的编码。

3. 在 C 语言系统中,如果一个变量能正确存储的数据范围为整数-32768～32767,则该变量在内存中占___(3)___个字节。

4. 已知有声明"int a[3][2]={{1,2},{3,4},{5,6}}, * p=a[0];",则执行语句"printf("%d\n", *(p+4));"后的输出结果为___(4)___。

5. 已知有声明和语句"int a;scanf("a=%d",&a);",欲从键盘上输入数据使 a 中的值为 3,则正确的输入应是___(5)___。

6. 以下程序运行时输出到屏幕的结果为___(6)___。

```
#include<stdio. h>
#define MAX(A,B)    A>B? 2 * A:2 * B
void main()
{
        int a=1,b=2,c=3,d=4,t;
        t=MAX(a+b,c+d);
        printf("%d\n",t);
}
```

7. 以下程序运行时输出到屏幕的结果是___(7)___。

```
#include<stdio. h>
void main()
{
        int a=1,b=2;
        a+=b;
        b=a-b;
        a-=b;
        printf("%d,%d\n",a,b);
}
```

8. 以下程序运行时输出到屏幕的结果为___(8)___。

```
#include<stdio. h>
void swap(int a,int b)
{
        int t;
        if (a>b) t=a,a=b,b=t;
```

```
}
void main()
{
    int x=13,y=11,z=12;
    if(x>y) swap(x,y);
    if(x>z) swap(x,z);
    if(y>z) swap(y,z);
    printf("%d\t%d\t%d\n",x,y,z);
}
```

9. 以下程序运行时输出到屏幕的结果第一行是＿(9)＿,第二行是＿(10)＿,第三行是＿(11)＿。

```
#include<stdio. h>
int g(int x,int y)
{
    return x+y;
}
int f(int x,int y)
{
    {
        staticint x=2;
        if (y>2)
        {
            x=x * x;
            y=x;
        }
        else y=x+1;
    }
    returnx+y;
}
void main()
{
    int a=3;
    printf("%d\n",g(a,2));
    printf("%d\n",f(a,3));
    printf("%d\n",f(a,2));
}
```

10. 以下程序运行时输出到屏幕的结果是＿(12)＿。

```
#include<stdio. h>
void fun(int m,int n)
```

```
{
    if (m>=n)
        printf("%d",m);
    else
        fun(m+1,n);
printf("%d",m);
}
void main()
{   fun(1,2);   }
```

11. 以下程序运行时输出到屏幕的结果第二行是＿（13）＿,第四行是＿（14）＿。

```
#include<stdio.h>
#define N 6
void main()
{
    int i,j,a[N+1][N+1];
    for (i=1;i<=N;i++)
    {   a[i][i]=1;a[i][1]=1; }
    for(i=3;i<=N;i++)
        for (j=2;j<i;j++)
            a[i][j]=a[i-1][j-1]+a[i-1][j];
    for(i=1;i<=N;i++)
    {
        for(j=1;j<=i;j++)
            printf("% 4d",a[i][j]);
        printf(" \n");
    }
}
```

12. 以下程序运行时输出到屏幕的结果第一行是＿（15）＿,第二行是＿（16）＿

```
#include<stdio.h>
void fun(char *p1,char *p2);
void main()
{
    int i; char a[]="54321";
    puts(a+2);
    fun(a,a+4);
    puts(a);
}
void fun(char *p1,char *p2)
{
```

```
    char t;
    while(p1<p2)
    {
       t= * p1; * p1= * p2; * p2=t;
       p1+=2,p2-=2;
    }
}
```

13. 以下程序运行时输出到屏幕的结果第一行是<u>　(17)　</u>,第二行是<u>　(18)　</u>。

```
#include<stdio.h>
typedef   struct { int x,y;}direction;
int visible(direction s,direction A,direction B,direction C)
{
   direction p1,p2;
   int d;
   p1.x=B.x-A.x;
   p1.y=B.y-A.y;
   p2.x=C.x-A.x;
   p2.y=C.y-A.y;
   d=s.x * p1.x * p2.x+s.y * p1.y * p2.y;
   printf("%4d\n",d);
   return d>0;
}
void main()
{
   char * ss[]={"invisible","visible"};
   direction s={1,1},T={1,1},A={0,0},B={2,1};
   puts(ss[visible(s,T,A,B)]);
}
```

14. 以下程序的功能是:统计一个字符串中数字字符“0”到“9”各自出现的次数,统计结果保存在数组 count 中。例如,如果字符串为“1enterschar4543123564879ffgh”,则统计结果为:1:2　2:1　3:2　4:3　5:2　6:1　7:1　8:1　9:1。试完善程序以达到要求的功能。

```
#include<stdio.h>
void fun(char * t,int count[])
{
    char * p=t;
    while(  (19)  )
    {
       if ( * p>="0"&& * p<="9")
```

```
            count[  (20)  ]++;
        p++;
    }
}
void main()
{
    char s[80]=" 1enterschar4543123564879ffgh"; int count[10]={0},i;
    fun(s,count);
    for(i=0;i<10;i++)
        if (count[i])printf("%d:%d   ",i,count[i]);
}
```

15. 下列程序的功能是对 a 数组 a[0]~a[n-1]中存储的 n 个整数从小到大排序。排序算法是:第一趟通过比较将 n 个整数中的最小值放在 a[0]中,最大值放在 a[n-1]中;第二趟通过比较将 n 个整数中的次小值放在 a[1]中,次大值放在 a[n-2]中;……,依次类推,直到待排序序列为递增序列。试完善程序以达到要求的功能。

```
#include<stdio. h>
#define N 7
void sort(int a[], int n)
{
    int i,j,min,max,t;
    for(i=0;i<  (21)  ;i++)
    {
      (22)  ;
      for(j=i+1;j<n-i;j++)
        if(a[j]<a[min]) min=j;
        else if(a[j]>a[max]) max=j;
      if(min! =i)
      { t=a[min];a[min]=a[i];a[i]=t; }
      if(max! =n-i-1)
        if(max==i)
        { t=a[min];a[min]=a[n-i-1];a[n-i-1]=t;  }
        else
        { t=a[max];a[max]=a[n-i-1];a[n-i-1]=t; }
    }
}
void main()
{
    int a[N]={8,4,9,3,2,1,5},i;
    sort(a,N);
```

```
        printf("sorted:\n");
        for(i=0;i<N;i++)    printf("%d\t",a[i]);
        printf("\n");
    }
```

16. 下列程序中函数 find_replace 的功能是:在 s1 指向的字符串中查找 s2 指向的字符串，并用 s3 指向的字符串替换在 s1 中找到的所有 s2 字符串。若 s1 字符串中没有出现 s2 字符串,则不作替换并使函数返回 0,否则函数返回 1. 是完善程序以达到要求的功能。

```
#include<stdio.h>
#include<string.h>
int find_replace(char s1[],char s2[],char s3[])
{
    int i,j,k,t=0; char temp[80];
    if(s1[0]=='\0'||s2[0]=='\0') return t;
    for(i=0;s1[i]!='\0';i++)
    {
        k=0; j=i;
        while (s1[j]==s2[k]&&s2[k]!='\0')
        {   j++;
            ___(23)___;
        }
        if(s2[k]=='\0')
        {
            strcpy(temp,&s1[j]);
            ___(24)___;
            i=i+strlen(s3);
            ___(25)___;
            t=1;
        }
    }
    return t;
}
void main()
{
    charline[80]="This is a test program and a test data. ";
    char substr1[10]="test",substr2[10]="actual";
    int k;
    k=find_replace(line,substr1,substr2);
    if(___(26)___)
        puts(line);
```

```
    else
    printf("not found\n");
}
```

17. 设 h1 和 h2 分别为两个单链表的头指针，链表中结点的数据结构为：

typedef struct node { int data; struct node * next; } NODE;

sea_del 函数的功能是：删除 h1 指向的链表中首次出现的与 h2 指向的链表中数据完全匹配的若干个连续结点，函数返回 h1 指向链表的头指针。

例如，初态下，h1 指向链表和 h2 指向链表如下图所示：

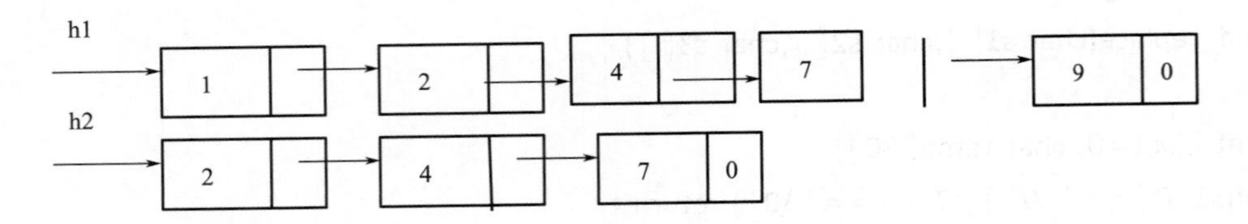

调用 sea_del 函数后 h1 指向链表为：

试完善函数 sea_del 以达到要求的功能：

```
NODE * sea_del(NODE * h1,NODE * h2)
{
    NODE * p, * ph, * q, * s;
    ph = NULL;    p = q = h1;      s = h2;
    if(h1 = = NULL || __(27)__)    return h1;
    while(p! = NULL&&s! = NULL)
    {
        while(q->data = = s->data&&q&&s)
        {
            q = q->next;
            s = __(28)__;
        }
        if(s! = NULL)
        {
            ph = p;
            p = q = q->next;
            s = __(29)__;
        }
        else
            if(ph = = NULL)    h1 = q;
```

```
        elseph->next = q;
    }
    ____(30)____;
}
```

上机考试部分

一、改错题(16 分)

【程序功能】

验证 3(n 范围内的任意两个相邻素数的平方之间至少存在 4 个素数。例如,5 和 7 是两个相邻素数,5^2(25)与 7^2(49)之间存在 6 个素数:29 31　37 41 43 47。

【测试数据与运行结果】

显示:input n:

输入:10

输出:3~5　　k=5

　　11 13 17 19 23

　　5~7　　k=6

　　29 31 37 41 43 47

【含有错误的源程序】

```
#include<stdio. h>
#include<math. h>
int prime(int n)
{
    int i,flag = 1;
    for(i = 1;i< = sqrt(n);i++)
        if(n% i = = 0)flag = 0;
    return flag;
}
int fun(int a[ ],int n)
{
    int i,k = 0;
    for (i = 3;i< = n;i++)
    if (prime(i)) a[ k++ ] = i;
    return k;
void fun1(int m,int n, int b[ ])
{
    int i,k = 0;
    if(m>n) return 0;
    for (i = m * m;i<n * n;i++)
```

```
        if(prime(i)) b[k++] = i;
    return k;
}
void main()
{
    int a[50] = {0},b[100] = {0},i,m,k,j,n;
    printf("input n:");
    scanf("%d",&n);
    m = fun(a,n);
    for(i = 0;i<m-1;i++)
    {
        k = fun1(a,a[i+1],b[0]);
        printf("%d~%d k = %d",a,a[i+1],k);
        if(k<4)
        { printf("false");break; }
        for(j = 0;j<k;j++)
        {
            if(j% 10 = 0)prinff("\n");
            printf("% 5d",b[j]);
        }
        printf("\n");
    }
    getch();
}
```

【要求】

1. 将上述程序录入到文件 myf1. c 中,根据题目要求及程序中语句之间的逻辑关系对程序中的错误进行修改。

2. 改错时,可以修改语句中的一部分内容,调整语句次序,增加少量的变量说明或编译预处理命令,但不能增加其他语句,也不能删去整条语句。

3. 改正后的源程序(文件名 myf1. c)保存在 T:盘根目录中供阅卷使用,否则不予评分。

二、编程题(24 分)

【程序功能】

在给定范围内查找 k 使得用公式 k^2+k+17 生成的整数满足以下条件:该数的十进制表示中低 3 位数字相同,去掉低 3 位后的整数是回文数。例如,当 k = 461 时用公式生成的整数是 212999,该数满足所给条件。

【编程要求】

1. 编写函数 int findnum(int n1,int n2,long a[][2])实现以下功能:k 依次取 n1 ~ n2 范围内的每个整数,分别用每个 k 及公式 k^2+k+17 生成整数 y,若 y 满足给定条件,则将 k 值及 y 值保存到 a 指向的数组中,函数返回 a 数组中 k 的个数。

2. 编写函数 main 实现以下功能：声明二维数组 a 和变量 n1、n2，输入两个整数并保存到 n1、n2 中，用 n1、n2 及 a 数组作实参调用 findnum 函数，按所给格式输出 a 数组中的数据到屏幕及文件 myf2. out 中。最后将考生本人的准考证号输出到文件 myf2. out 中。

【测试数据与运行结果】

输入：n1 = 1，n2 = 10000

输出：knumber

461212999

586343999

383914741777

【要求】

1. 源程序文件名为 myf2. c，输出结果文件名为 myf2. out。
2. 数据文件的打开、使用、关闭均用 c 语言标准库中缓冲文件系统的文件操作函数实现。
3. 源程序文件和运行结果文件均需保存在 T：盘根目录中供阅卷使用。
4. 不要复制扩展名为 obj 和 exe 的文件到 T：盘中。

理论部分答案

一、选择题

1-5	DDACC	6-10	DABCB

二、填空题

1	1.0/3	2	G
3	2	4	5
5	a=3	6	10
7	2,1	8	13　11　12
9	5	10	7
11	8	12	221
13	1　1	14	1　3　3　1
15	321	16	14325
17	-1	18	invisible
19	*p! ='\0'	20	*p-'0'
21	n/2	22	min=i,max=n-i-1
23	k++	24	strcpy(&s1[i],s3)
25	strcpy(&s1[i],temp)	26	k
27	h2==NULL	28	s->next
29	h2	30	return

上机部分答案

一、改错题

- for(i=1;i<=sqrt(n);i++)改为 i=2
- void fun1(int m,int n,int b[ ])改为 int
- {k=fun1(a,a[i+1],b[0]);改为 b
- {if(j%10=0)printf("\n");改为 j%10==0

二、编程题

```
#include<stdio. h>
int findnum(int n1,int n2,long a[ ][2])
{
    int i=0,j;
    long x1,x2,x3,y,k;
    for(k=n1;k<=n2;k++)
    {
        y=k * k+k+17;
        x1=x2=y/1000;x3=0;
        while(x1>0)
        { x3=x3 * 10+x1% 10;x1=x1/10; }
        if(x2==x3&&y% 10==y/10% 10&&y% 10==y/100% 10)
        {
          A[i][0]=k;a[i++][1]=y;
        }
    }
    return i;
}
voidmain()
{
    int i,j;long a[10][2],n1,n2; FILE  * fp;
    fp=fopen("myf2. out","w");
    scanf("%d%d",&n1,&n2);
    j=findnum(n1,n2,a);
    printf("\n k\t number");
    for(i=0;i<j;i++) printf("\n% ld\t% ld",a[0],a[1]);
    fprintf(fp,"\n k \t number");
    for(i=0;i<j;i++) fprintf(fp,"\n% ld\t% ld",a[0],a[1]);
    fprintf(fp,"\n My exam number is :0112400123");
    fclose(fp);getch();
}
```

附录

A. 常见的语法错误列表

序号	错误号	错误内容、翻译、处理方法
1	fatal error C1003	error count exceeds number; stopping compilation 错误太多,停止编译 修改之前的错误,再次编译
2	fatal error C1004	unexpected end of file found 文件未结束 一个函数或者一个结构定义缺少“}”,或者在一个函数调用或表达式中括号没有配对出现,或者注释符“/ * … * /”不完整等
3	fatal error C1083	Cannot open include file:' xxx' :No such file or directory 无法打开头文件 xxx:没有这个文件或路径 头文件不存在或者头文件拼写错误,或者文件为只读
4	fatal error C1903	unable to recover from previous error(s); stopping compilation 无法从之前的错误中恢复,停止编译 引起错误的原因很多,建议先修改之前的错误
5	error C2001	newline in constant 常量中创建新行 字符串常量多行书写
6	error C2006	#include expected a filename, found ' identifier' #include 命令中需要文件名 一般是头文件未用一对双引号或尖括号括起来,例如“#include stdio. h”
7	error C2007	#define syntax #define 语法错误 例如“#define”后缺少宏名,例如“#define”
8	error C2008	' xxx' :unexpected in macro definition 宏定义时出现了意外的 xxx 宏定义时宏名与替换串之间应有空格,例如“#define TRUE" 1" ”
9	error C2009	reuse of macro formal ' identifier' 带参宏的形式参数重复使用 宏定义如有参数不能重名,例如“#define s(a,a)(a * a)”中参数 a 重复
10	error C2010	' character' :unexpected in macro formal parameter list 带参宏的参数表表现未知字符 例如“#define s(r|)r * r”中参数多了一个字符‘|’
11	error C2014	preprocessor command must start as first nonwhite space 预处理命令前面只允许空格 每一条预处理命令都应独占一行,不应出现其他非空格字符

续表

序号	错误号	错误内容、翻译、处理方法
12	error C2015	too many characters in constant 常量中包含多个字符 字符型常量的单引号中只能有一个字符，或是以“\”开始的一个转义字符
13	error C2017	illegal escape sequence 转义字符非法 一般是转义字符位于 ' ' 或 " " 之外，例如“char error = ' ' \n;”
14	error C2018	unknown character '0xhh' 未知的字符 0xhh 一般是输入了中文标点符号，例如“char error = 'E'；”中“；”为中文标点符号
15	error C2019	expected preprocessor directive, found 'character' 期待预处理命令，但有无效字符 一般是预处理命令的#号后误输入其他无效字符，例如“#! define TRUE 1”
16	error C2021	expected exponent value, not 'character' 期待指数值，不能是字符 一般是浮点数的指数表示形式有误，例如 123.456E
17	error C2039	'identifier1' :is not a member of 'idenifier2' 标识符 1 不是标识符的成员 程序错误地调用或引用结构体、共用体、类的成员
18	error C2048	more than one default default 语句多于一个 switch 语句中只能有一个 default，删去多余的 default
19	error C2050	switch expression not integral switch 表达式不是整型的 switch 表达式必须是整型(或字符型)，例如“switch ("a")”中表达式为字符串，这是非法的
20	error C2051	case expression not constant case 表达式不是常量 case 表达式应为常量表达式，例如“case "a"”中“"a"”为字符串，这是非法的
21	error C2052	'type' :illegal type for case expression case 表达式类型非法 case 表达式必须是一个整型常量(包括字符型)
22	error C2057	expected constant expression 期待常量表达式 一般是定义数组时数组长度为变量，例如“int n=10; int a;”中 n 为变量，是非法的
23	error C2058	constant expression is not integral 常量表达式不是整数 一般是定义数组时数组长度不是整型常量
24	error C2059	syntax error :'xxx' 'xxx'语法错误 引起错误的原因很多，可能多加或少加了符号 xxx
25	error C2064	term does not evaluate to a function 无法识别函数语言 1. 函数参数有误，表达式可能不正确，例如“sqrt(s(s-a)(s-b)(s-c));”中表达式不正确。2. 变量与函数重名或该标识符不是函数，例如“int i,j; j=i();”中 i 不是函数

续表

序号	错误号	错误内容、翻译、处理方法
26	error C2065	'xxx' :undeclared identifier 未定义的标识符 xxx 1. 如果 xxx 为 cout、cin、scanf、printf、sqrt 等,则程序中包含头文件有误。2. 未定义变量、数组、函数原型等,注意拼写错误或区分大小写
27	error C2078	too many initializers 初始值过多 一般是数组初始化时初始值的个数大于数组长度,例如“int b={1,2,3};”
28	error C2082	redefinition of formal parameter 'xxx' 重复定义形式参数 xxx 函数首部中的形式参数不能在函数体中再次被定义
29	error C2084	function 'xxx' already has a body 已定义函数 xxx 在 VC++早期版本中函数不能重名,6.0 中支持函数的重载,函数名相同但参数不一样
30	error C2086	'xxx' :redefinition 标识符 xxx 重定义 变量名、数组名重名
31	error C2087	'<Unknown>' :missing subscript 下标未知 一般是定义二维数组时未指定第二维的长度,例如“int a[ ];”
32	error C2100	illegal indirection 非法的间接访问运算符“ * ” 对非指针变量使用“ * ”运算
33	error C2105	'operator' needs l-value 操作符需要左值 例如“(a+b)++;”语句,“++”运算符无效
34	error C2106	'operator' :left operand must be l-value 操作符的左操作数必须是左值 例如“a+b=1;”语句,“=”运算符左值必须为变量,不能是表达式
35	error C2110	cannot add two pointers 两个指针量不能相加 例如“int *pa, *pb, *a; a = pa + pb;”中两个指针变量不能进行“+”运算
36	error C2117	'xxx' :array bounds overflow 数组 xxx 边界溢出 一般是字符数组初始化时字符串长度大于字符数组长度,例如“char str = "abcd";”
37	error C2118	negative subscript or subscript is too large 下标为负或下标太大 一般是定义数组或引用数组元素时下标不正确
38	error C2124	divide or mod by zero 被零除或对 0 求余 例如“int i = 1 / 0;”除数为 0
39	error C2133	'xxx' :unknown size 数组 xxx 长度未知 一般是定义数组时未初始化也未指定数组长度,例如“int a[ ];”
40	error C2137	empty character constant。 字符型常量为空 一对单引号“''”中不能没有任何字符
41	C2143 C2146	syntax error :missing 'token1' before 'token2' error syntax error :missing 'token1' before identifier 'identifier' 在标识符或语言符号 2 前漏写语言符号 1 可能缺少“{”、“)”或“;”等语言符号

续表

序号	错误号	错误内容、翻译、处理方法
42	error C2144	syntax error :missing ')' before type 'xxx' 在 xxx 类型前缺少')' 一般是函数调用时定义了实参的类型
43	error C2181	illegal else without matching if 非法的没有与 if 相匹配的 else 可能多加了";"或复合语句没有使用"{}"
44	error C2196	case value '0' already used case 值 0 已使用 case 后常量表达式的值不能重复出现
45	error C2296 error C2297	'%' :illegal, left operand has type 'float' '%' :illegal, right operand has type 'float' % 运算的左(右)操作数类型为 float,这是非法的 求余运算的对象必须均为 int 类型,应正确定义变量类型或使用强制类型转换
46	error C2371	'xxx' :redefinition; different basic types 标识符 xxx 重定义;基类型不同 定义变量、数组等时重名
47	error C2440	'=' :cannot convert from 'char ' to 'char' 赋值运算,无法从字符数组转换为字符 不能用字符串或字符数组对字符型数据赋值,更一般的情况,类型无法转换
48	error C2447 error C2448	missing function header (old-style formal list?) '<Unknown>' :function-style initializer appears to be a function definition 缺少函数标题(是否是老式的形式表?) 函数定义不正确,函数首部的"( )"后多了分号或者采用了老式的 C 语言的形参表
49	error C2450	switch expression of type 'xxx' is illegal switch 表达式为非法的 xxx 类型 switch 表达式类型应为 int 或 char
50	error C2466	cannot allocate an array of constant size 0 不能分配长度为 0 的数组 一般是定义数组时数组长度为 0
51	error C2601	'xxx' :local function definitions are illegal 函数 xxx 定义非法 一般是在一个函数的函数体中定义另一个函数
52	error C2632	'type1' followed by 'type2' is illegal 类型 1 后紧接着类型 2,这是非法的 例如"int float i;"语句
53	error C2660	'xxx' :function does not take n parameters 函数 xxx 不能带 n 个参数 调用函数时实参个数不对,例如"sin(x,y);"
54	error C2676	binary '<<' :'class istream_withassign' does not define this operator or a conversion to a type acceptable to the predefined operator ">>"、"<<"运算符使用错误,例如"cin<<x; cout>>y;"
55	error C4716	'xxx' :must return a value 函数 xxx 必须返回一个值 仅当函数类型为 void 时,才能使用没有返回值的返回命令

续表

序号	错误号	错误内容、翻译、处理方法
56	fatal error LNK1104	cannot open file "Debug/Cpp1. exe" 无法打开文件 Debug/Cpp1. exe 重新编译链接
57	fatal error LNK1168	cannot open Debug/Cpp1. exe for writing 不能打开 Debug/Cpp1. exe 文件 一般是 Cpp1. exe 还在运行,未关闭
58	fatal error LNK1169	one or more multiply defined symbols found 中文对照:出现一个或更多的多重定义符号。 一般与 error LNK2005 一同出现
59	error LNK2001	unresolved external symbol _main 未处理的外部标识 main 一般是 main 拼写错误,例如"void mian()"
60	error LNK2005	_main already defined in Cpp1. obj main 函数已经在 Cpp1. obj 文件中定义 未关闭上一程序的工作空间,导致出现多个 main 函数
61	warning C4067	unexpected tokens following preprocessor directive-expected a newline 预处理命令后出现意外的符号-期待新行 "#include<iostream. h>;"命令后的";"为多余的字符
62	warning C4091	' ' :ignored on left of 'type' when no variable is declared 当没有声明变量时忽略类型说明 语句"int ;"未定义任何变量,不影响程序执行
63	warning C4101	'xxx' :unreferenced local variable 变量 xxx 定义了但未使用 可去掉该变量的定义,不影响程序执行
64	warning C4244	'=' :conversion from 'type1' to 'type2', possible loss of data 赋值运算,从数据类型 1 转换为数据类型 2,可能丢失数据 需正确定义变量类型,数据类型 1 为 float 或 double、数据类型 2 为 int 时,结果有可能不正确,数据类型 1 为 double、数据类型 2 为 float 时,不影响程序结果,可忽略该警告
65	warning C4305	'initializing' :truncation from 'const double' to 'float' 初始化,截取双精度常量为 float 类型 出现在对 float 类型变量赋值时,一般不影响最终结果
66	warning C4390	';' :empty controlled statement found; is this the intent? ';'控制语句为空语句,是程序的意图吗? if 语句的分支或循环控制语句的循环体为空语句,一般是多加了";"
67	warning C4508	'xxx' :function should return a value; 'void' return type assumed 函数 xxx 应有返回值,假定返回类型为 void 一般是未定义 main 函数的类型为 void,不影响程序执行
68	warning C4552	'operator' :operator has no effect; expected operator with side-effect 运算符无效果;期待副作用的操作符 例如"i+j;"语句,"+"运算无意义
69	warning C4553	'==' :operator has no effect; did you intend '='? "=="运算符无效;是否为"="? 例如"i==j;"语句,"=="运算无意义
70	warning C4700	local variable 'xxx' used without having been initialized 变量 xxx 在使用前未初始化 变量未赋值,结果有可能不正确,如果变量通过 scanf 函数赋值,则有可能漏写"&"运算符,或变量通过 cin 赋值,语句有误

续表

序号	错误号	错误内容、翻译、处理方法
71	warning C4715	'xxx' : not all control paths return a value 函数 xx 不是所有控制路径都有返回值 一般是在函数的 if 语句中包含 return 语句，当 if 语句的条件不成立时没有返回值
72	warning C4723	potential divide by 0 有可能被 0 除 表达式值为 0 时不能作为除数

B. 计算机等级考试大纲

全国计算机等级考试二级 C 语言程序设计考试大纲（2018 年版）

基本要求

1. 熟悉 Visual C++集成开发环境。
2. 掌握结构化程序设计的方法，具有良好的程序设计风格。
3. 掌握程序设计中简单的数据结构和算法并能阅读简单的程序。
4. 在 Visual C++集成环境下，能够编写简单的 C 程序，并具有基本的纠错和调试程序的能力。

考试内容

一、C 语言程序的结构

1. 程序的构成，main 函数和其他函数。
2. 头文件，数据说明，函数的开始和结束标志以及程序中的注释。
3. 源程序的书写格式。
4. C 语言的风格。

二、数据类型及其运算

1. C 的数据类型（基本类型，构造类型，指针类型，无值类型）及其定义方法。
2. C 运算符的种类、运算优先级和结合性。
3. 不同类型数据间的转换与运算。
4. C 表达式类型（赋值表达式，算术表达式，关系表达式，逻辑表达式，条件表达式，逗号表达式）和求值规则。

三、基本语句

1. 表达式语句，空语句，复合语句。
2. 输入输出函数的调用，正确输入数据并正确设计输出格式。

四、选择结构程序设计

1. 用 if 语句实现选择结构。
2. 用 switch 语句实现多分支选择结构。
3. 选择结构的嵌套。

五、循环结构程序设计

1. for 循环结构。
2. while 和 do-while 循环结构。
3. continue 语句和 break 语句。
4. 循环的嵌套。

六、数组的定义和引用

1. 一维数组和二维数组的定义、初始化和数组元素的引用。
2. 字符串与字符数组。

七、函数

1. 库函数的正确调用。
2. 函数的定义方法。
3. 函数的类型和返回值。
4. 形式参数与实际参数,参数值的传递。
5. 函数的正确调用,嵌套调用,递归调用。
6. 局部变量和全局变量。
7. 变量的存储类别(自动,静态,寄存器,外部),变量的作用域和生存期。

八、编译预处理

1. 宏定义和调用(不带参数的宏,带参数的宏)。
2. "文件包含"处理。

九、指针

1. 地址与指针变量的概念,地址运算符与间址运算符。
2. 一维、二维数组和字符串的地址以及指向变量、数组、字符串、函数、结构体的指针变量的定义。通过指针引用以上各类型数据。
3. 用指针作函数参数。
4. 返回地址值的函数。
5. 指针数组,指向指针的指针。

十、结构体(即"结构")与共同体(即"联合")

1. 用 typedef 说明一个新类型。
2. 结构体和共用体类型数据的定义和成员的引用。
3. 通过结构体构成链表,单向链表的建立,结点数据的输出、删除与插入。

十一、位运算

1. 位运算符的含义和使用。

2. 简单的位运算。

十二、文件操作

只要求缓冲文件系统（即高级磁盘 I/O 系统），对非标准缓冲文件系统（即低级磁盘 I/O 系统）不要求。

1. 文件类型指针（FILE 类型指针）。

2. 文件的打开与关闭（fopen，fclose）。

3. 文件的读写（fputc，fgetc，fputs，fgets，fread，fwrite，fprintf，fscanf 函数的应用），文件的定位（rewind，fseek 函数的应用）。

考试方式

上机考试，考试时长 120 分钟，满分 100 分。

1. 题型及分值

单项选择题 40 分（含公共基础知识部分 10 分）。

操作题 60 分（包括程序填空题、程序修改题及程序设计题）。

2. 考试环境

操作系统：中文版 Windows 7。

开发环境：Microsoft Visual C++ 2010 学习版。

江苏省高等学校计算机等级考试
二级 C 语言考试大纲（2015 年版）

一、计算机信息技术基础知识

考核要求

1. 掌握以计算机、多媒体、网络等为核心的信息技术基本知识。

2. 具有使用常用软件的能力。

考试范围

1. 信息技术的基本概念及其发展，包括信息技术、信息处理系统、信息产业和信息化；微电子技术、通信技术和数字技术基础知识等。

2. 计算机硬件基础知识。包括：计算机的逻辑结构及各组成部分的功能，CPU 的基本结构，指令与指令系统的概念；PC 的物理组成，常用的微处理器产品及其主要性能，PC 的主板、内存、I/O 总线与接口等主要部件的结构及其功能，常用 I/O 设备的类型、作用、基本工作原理，常用外存的类型、性能、特点、基本工作原理等。

3. 计算机软件基础知识。包括：软件的概念、分类及其作用；操作系统的功能、分类、常用产品及其特点；程序设计语言的分类及其主要特点，程序设计语言处理系统的类型及其基本工作方式；算法与数据结构的基本概念；计算机病毒的概念和防治手段。

4. 计算机网络与因特网基础知识。包括:计算机网络的组成与分类,数据通信的基本概念和常用技术,局域网的特点、组成、常见类型和常用设备;因特网的发展、组成、TCP/IP 协议、主机地址与域名系统、接入方式、网络服务及其基本工作原理,Web 文档的常见形式及其特点;影响网络安全的主要因素及其常用防范措施。

5. 数字媒体基础知识。包括:数值信息在计算机中的表示方法;常用字符集(如 ASCII、GB2312-80、GBK、Unicode、GB18030 等)及其主要特点,文本的类型、特点、输入/输出方式和常用的处理软件;图形、图像、声音和视频等数字媒体信息的获取手段、常用的压缩编码标准、文件格式和常用的处理软件。

6. 信息系统与数据库基础知识。包括:信息系统的基本结构、主要类型、发展趋势,数据模型与关系数据库的概念,软件工程的概念,信息系统开发方法。

7. PC 操作使用的基本技能。包括:PC 硬件和常用软件的安装与调试,常用辅助存储器和 I/O 设备的使用与维护,Windows 操作系统的基本功能及其操作,互联网常用的服务及操作,Microsoft Office 软件的基本功能及操作。

二、C 语言程序设计

考核要求

1. 掌握程序设计的一般步骤与方法
2. 能熟练使用 C 语言进行程序设计

考试范围

1. C 语言的基本知识。

(1)C 语言源程序的书写格式和结构。

(2)C 语言程序集成开发环境。包括:用户界面,编译、连接、运行命令,常用调试命令。

(3)main 函数与其他自定义函数的组成与作用。

(4)基本类型数据。

① 系统预定义类型标识符、修饰符的意义。

② 基本类型常量表示。包括:整型常量,单精度实型常量,双精度实型常量,字符型常量。

③ 基本类型变量的声明、初始化及引用。

(5)表达式。

① 赋值表达式、算术表达式、关系表达式、逻辑表达式、逗号表达式、条件表达式与位运算表达式的组成与功能。

② 赋值、++、--运算符的左值要求。

③ 逻辑表达式的求值顺序与优化。

④ 运算符的目数、优先级与结合性。

⑤ 操作数的数据类型转换。

2. 结构化程序设计基本语句。

(1)顺序结构语句。包括:表达式语句,函数调用语句,空语句,复合语句,标准输入/输出库函数调用语句(printf,scanf,getchar,putchar,gets,puts)。

(2)选择结构语句。包括:if-else,switch。

(3)循环结构语句。包括:while,do-while,for。

(4)跳转语句。包括:break,continue,return。

3. 构造类型数据。

(1)基本类型一维数组与二维数组。

① 数组声明及初始化。

② 数组元素引用表达式。

(2)结构类型变量和一维数组。

① 结构类型定义。

② 结构类型变量和一维数组声明及初始化。

③ 结构类型变量成员和结构类型数组元素成员引用表达式。

(3)联合类型变量。

① 联合类型定义。

② 联合类型变量声明及初始化。

③ 联合类型变量成员引用表达式。

4. 指针类型数据。

(1)指针的含义与取地址运算符&。

(2)指向基本类型变量和指向基本类型数组元素的指针变量声明、初始化、赋值、算术运算及引用,引用运算符[ ]和卡。

(3)字符串常量。

(4)指向二维数组一行元素的行指针变量声明、初始化、赋值、算术运算及引用。

(5)指向结构变量和结构数组元素的指针变量声明、初始化、赋值及引用。

(6)指针数组的声明及引用。

(7)二级指针的声明及引用。

5. 函数。

(1)函数的定义、声明及调用。

(2)函数调用时参数的传递(传递数值,传递地址)及类型兼容。

(3)函数返回值的传递。

(4)递归函数定义及调用。

(5)变量作用域(全局变量、局部变量、形式参数变量)。

(6)变量存储类型和生存期。

(7)main函数的形式参数声明及引用。

(8)指向函数的指针变量声明、初始化、赋值及引用。

6. 枚举类型数据。

(1)枚举类型定义和枚举常量的引用。

(2)枚举变量的声明、赋值及引用。

7. 预处理命令。

(1)#define命令(符号常量定义及引用,宏定义及调用)。

(2)#include命令。

8. 文件操作。

(1)文件指针变量的声明、赋值及引用。

(2)缓冲文件系统库函数及宏定义。包括:fopen(),fclose(),fprintf(),fscanf(),feof(),rewind(),fread(),如dte(),fseek()。

9. 单向链表。

(1)结点类型的定义、动态申请与释放。

(2)建立链表、遍历链表、插入新结点、删除结点。

10. 库函数。

(1)数学计算。包括:abs(),fabs(),sin(),cos(),tan(),exp(),sqrt(),pow(),log()。

(2)字符处理。包括:isalpha(),isdigit(),islower(),isupper(),isspace(),tolower(),toupper()。

(3)字符串处理。包括:strcmp(),strcat(),strcpy(),strlen(),strcnmp(),strncat(),strncpy(),strlwr(),strupr()。

11. 算法

(1)基本算法。包括:数据交换、累加、累乘。数字分解与重排。素数判断。求因子。找最大(最小)数。求最大公约数、最小公倍数。数据类型转换。

(2)非数值计算。包括:穷举法求解,数据排序(冒泡法、插入法、选择法),数据归并(或合并),数据查找(线性法、折半法),数据插入、删除与统计。

(3)数值计算。包括:级数计算(递推法),一元非线性方程求根(牛顿法,二分法),定积分计算(梯形法、矩形法),矩阵转置,矩阵乘法。

三、考试说明

1. 考试方式为无纸化网络考试,考试时间为120分钟。

2. 软件环境:Window XP/Window 7操作系统,Microsoft Visual C++ 6.0,Dev C++

3. 考试题型及分值分布见样卷。

推荐阅读

陈海波,王申康,2004. 新编程序设计方法学[M]. 杭州:浙江大学出版社.

姜成志,2011. C 语言程序设计教程[M]. 北京:清华大学出版社.

李师贤,2005. 面向对象程序设计基础[M]. 北京:高等教育出版社.

刘建华,刘颖,2011. C 语言程序设计学习指导与练习提高[M]. 镇江:江苏大学出版社.

刘玉英,2011. C 语言程序设计——案例驱动教程[M]. 北京:清华大学出版社.

楼永坚,吴鹏,许恩友,2006. C 语言程序设计[M]. 北京:人民邮电出版社.

赛煜,2008. C 语言程序设计实训教程[M]. 北京:中国铁道出版社.

谭浩强,2005. C 程序设计题解与上机指导(第三版)[M]. 北京:清华大学出版社.

谭浩强,张基温,2006. C 语言程序设计教程(第 3 版)[M]. 北京:高等教育出版社.

谭浩强,2010. C 程序设计(第四版)[M]. 北京:清华大学出版社.

邢振祥,戴春霞,2013. C 语言程序设计学习指导[M]. 北京:清华大学出版社.

严蔚敏,吴伟民,2007. 数据结构(C 语言版) [M]. 北京:清华大学出版社.

Brian W. Kernighan, Dennis M. Ritchie, 2004. C 程序设计语言[M]. 徐宝文,李志,译. 北京:机械工业出版社.

Kenneth C. Louden, 2004. 程序设计语言——原理与实践(第二版)[M]. 黄林鹏,毛宏燕,黄晓琴,等,译. 北京:电子工业出版社.